仪器分析创新实验

主　编　李连庆

副主编　王军锋　肖正凤

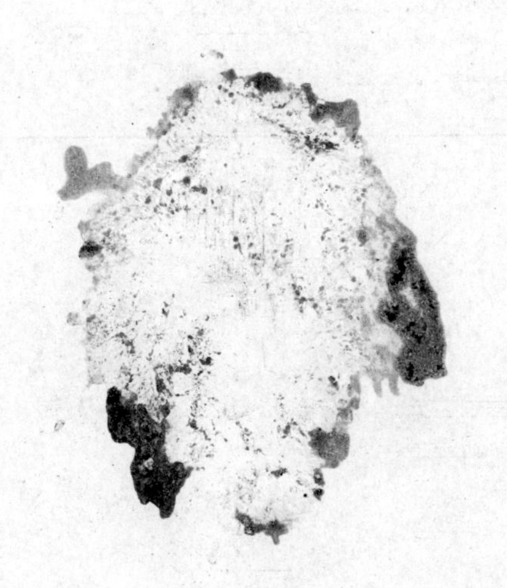

北京理工大学出版社
BEIJING INSTITUTE OF TECHNOLOGY PRESS

内 容 简 介

本书内容包括仪器分析实验导论、仪器分析基础实验、仪器分析综合实验和仪器分析创新实验等内容，以培养学生理论联系实际的工作习惯和科学、严谨的工作态度。书中涉及的仪器大多为实际工作中广泛应用的仪器，同时也对具有较大应用潜力的大型仪器进行了介绍。

本书实验分为基础实验、综合实验、创新实验3种类型，不但可以与仪器分析理论教材配套使用，而且适应当前实验课程单独设课的需要。

本书可作为高等院校化学及相关专业本科生教材，也可供相关领域的科研工作者、技术人员参考。

版权专有　侵权必究

图书在版编目（CIP）数据

仪器分析创新实验/李连庆主编. —北京：北京理工大学出版社，2019.8（2021.8重印）
ISBN 978-7-5682-7425-8

Ⅰ.①仪…　Ⅱ.①李…　Ⅲ.①仪器分析－实验－高等学校－教材　Ⅳ.①O657-33

中国版本图书馆 CIP 数据核字（2019）第 178155 号

出版发行 / 北京理工大学出版社有限责任公司
社　　址 / 北京市海淀区中关村南大街 5 号
邮　　编 / 100081
电　　话 /（010）68914775（总编室）
（010）82562903（教材售后服务热线）
（010）68948351（其他图书服务热线）
网　　址 / http://www.bitpress.com.cn
经　　销 / 全国各地新华书店
印　　刷 / 涿州市新华印刷有限公司
开　　本 / 787 毫米×1092 毫米　1/16
印　　张 / 11.5
字　　数 / 271 千字
版　　次 / 2019 年 8 月第 1 版　2021 年 8 月第 2 次印刷
定　　价 / 39.00 元

责任编辑 / 封　雪
文案编辑 / 封　雪
责任校对 / 周瑞红
责任印制 / 李志强

图书出现印装质量问题，请拨打售后服务热线，本社负责调换

前言

为贯彻落实《国家中长期教育改革和发展规划纲要（2010—2020年）》，加快现代职业教育体系建设，推进地方高校转型发展，2014年1月，教育部出台了《关于地方本科高校转型发展的指导意见》文件。由此，应用型本科院校的建设进入发展的快车道。尽管对应用型本科院校应如何培养专业应用型人才的实践还在探索中，但社会实践对专业应用型人才的能力要求却是清晰的。应用型本科院校培养的专业性应用人才应是理论知识与实践能力相结合，根据经济、社会发展需要，能熟练运用知识解决生产实际问题，适应社会多样化的应用型创新人才。

本书编排中充分考虑仪器分析理论、实验课的特点，以专业课堂为平台，开启专业应用型人才各项能力培养的创新实践。在编写中，我们紧扣专业应用型人才专业性、应用性、创新性、实践性的特点，注重专业应用型人才重基础、重实践、求创新的要求，聚焦人才综合能力、复合性能力渐进性的提高。本书具有基础部分全面，综合性强，专业创新性高，与社会实践需求的知识、技能相匹配等诸多特点。

本书在结构上做如下编排：

（1）仪器分析实验导论。除基础知识、相关数据处理之外，加入常用数据处理软件简介部分，以提升学员数据处理能力。

（2）仪器分析基础实验。涵盖分子光谱学分析实验（实验1～实验11）、原子光谱学分析实验（实验12～实验15）、电化学分析实验（实验16～实验21）及色谱分离实验（实验22～实验28）四大模块的实验实训内容。

（3）仪器分析综合实验。通过对复杂样品、复杂物质的分离分析，使基础部分学习的知识、技能得到巩固和提高。

（4）仪器分析创新实验。通过合成/提取新物质，并对其进行分析和表征，进一步提高分析、分离、验证及应用能力。

（5）常见大型仪器的使用简介，包括仪器操作系统及数据处理操作规范，供实验操作时参考。

本书选编的大部分实验，已以仪器分析实验讲义的形式，在陕西学前师范学院化学化工学院、生命科学与食品工程学院各专业本、专科学生仪器分析实验课程中试用多轮，反响很好。参加本书编写的教师均是长期从事仪器分析教学和科研工作的人员，具有丰富的教学经验和较高的学术水平。本书由李连庆担任主编，王军锋、肖正凤担任副主编。全书共5章，其中第 1 章由肖正凤编写，第 2～4 章由王军锋编写，第 5 章由李连庆编写，全书由李连庆统稿。

本书的编写和出版得到陕西学前师范学院校级规划教材建设项目（项目编号：16JC12）资助，在编写过程中得到王福民、王晓兰和聂迎春老师的指导和帮助，在此一并致谢。

由于编者水平有限，书中不完善之处在所难免，敬请读者和同行们批评指正。

编　者

2019 年 7 月

目 录

第1章

仪器分析实验导论

作为现代的分析测试手段，仪器分析实验主要介绍常见仪器分析方法的基本原理、仪器设备的使用和维护、仪器分析实验的基本操作和仪器主要参数（或实验条件）的选择与设定，以及各种仪器分析方法的实践与应用。通过对仪器分析实验的学习，学生可对有关仪器分析方法的基本原理有更加深入的理解，对常用的分析仪器的基本结构、特点和应用范围有比较全面的了解，在学会典型仪器的使用方法的同时掌握必要的实验基础知识、基本实验方法和基本操作技能；并学习实验数据的处理方法，正确地表达实验结果，为今后的学习和工作打下坚实的基础。

要学好仪器分析实验，首要的是做好实验前的预习。要求操作者实验前认真预习实验教材，明确实验目的、基本原理、实验方法与步骤，详细阅读仪器使用说明书，实验时严守操作规程，保证实验安全、操作正确无误。其次，完善实验数据的记录与处理。实验者要准备好记录本，在记录本上要拟定好实验方案和操作步骤，预先记录必要常数与计算公式。实验过程中要认真地观察实验现象，准确地记录实验数据与分析结果，注意手脑并用，积极思考，善于发现和解决实验过程中出现的问题，养成良好的实验习惯。最后，撰写实验报告。实验完成后应按要求及时写出实验报告，写好实验报告是完成实验的一个必不可缺的环节。实验报告应包括以下项目：实验名称、实验日期、实验原理、实验仪器的类型与型号、主要实验步骤或主要实验条件、实验数据及其处理以及结果、讨论等。写实验报告时要忠于原始记录，不得涂改数据。报告中所列实验数据要符合有效数字的表示方式。各种数据与结论，表达要简明正确、符合逻辑、有条理性，还要附上应有的图表。对实验结果的分析与讨论是实验报告的重要部分，其内容虽无固定模式，但是可涉及诸如对实验原理的进一步深化理解、做好实验的关键、失败的教训及自己的体会、实验现象的分析和解释、结果的误差分析以及对该实验的改进意见等各个方面。

第一节　实验数据处理

（一）可疑数据的取舍

分析测定中常常有个别数据与其他数据相差较大，称为可疑数据（或称离群值、异常值）。对于由明显原因造成的可疑数据，应予舍去，但是对于找不出充分理由的可疑数据，则应慎重处理，应借助数理统计方法进行数据评价后再行取舍。

在3～10次测定的数据中，有一个可疑数据时，可采用Q检验法决定取舍；若有两个或两个以上可疑数据，宜采用Grubbs检验法。

（二）有效数字及其运算规则

由于误差的存在，任何测量的准确度都是有限的，因此在记录数据时既不可随意多写数字的位数，夸大测量的精度；也不可随意少写数字的位数，降低测量的精度。在小数点后的“0”也不能随意增加或删去。在进行运算时，还必须遵守下列规则：

（1）有效数字的修约：在拟舍弃的数字中，若左边的第一个数字不大于4，则舍去；在拟舍弃的数字中，若左边的第一个数字不小于6，则进一；在拟舍弃的数字中，若左边的第一个数字为5，其右边的数字并非全部为0，则进一；在拟舍弃的数字中，若左边的第一个数字为5，其右边的数字皆为0，所拟保留的末位数字为奇数时，则进一，若为偶数（包括“0”），则不进；有效数字的修约应一次完成，不得连续进行多次修约。

（2）加减运算结果中，保留有效数字的位数应与绝对误差最大的数据相同；乘除运算结果中，保留有效数字的位数应以相对误差最大的数据为准。

（3）对数计算中，对数小数点后的位数应与真数的有效数字的位数相同。

（4）计算式中用到的常数如π、e及乘除因子等，可以认为其有效数字的位数是无限的，不影响其他数据的修约。

（三）分析结果表达

取得实验数据后，应以简明的方法表达出来，通常有列表法、图解法、数学方程表示法3种方法，可根据具体情况选择其中一种。

（1）列表法是将一组实验数据中的自变量和因变量的数值按一定形式和顺序一一对应列成表格，比较简明、直观，是最常用的方法。列表时应有完全而又简明的表名，在表名不足以说明表中数据含义时，则在表名或表格下面再附加说明，如获得数据的有关实验条件、数据来源等；表中数据有效数字位数应取舍适当，小数点应上下对齐，以便比较分析。

（2）图解法是将实验数据按自变量与因变量的对应关系标绘成图形，直观反映变量间的各种关系，便于进行分析研究。每图应有简明的标题，并注明取得数据的主要实验条件、作者姓名（包括合作者姓名）及实验日期。注意坐标分度的选择，其精度应与测量的精度一致。

图解法是整理实验数据的重要方法，通常借助标准工作曲线法、曲线外推法、图解微分法和图解积分法直接或间接获得样品的有关信息。这些处理方法与它们在基础化学分析课程中的应用相似，这里不再赘述。

（3）数学方程表示法是对数据进行回归分析，以数学方程式描述变量之间关系的方法。仪器分析实验数据的自变量与因变量之间多呈直线关系，或是经过适当变换后，使之呈直线关系，因此仪器分析中比较常用的是一元线性回归分析，多采用平均值法和最小二乘法完成。在实验报告或论文中，往往还需算出相关系数r，以说明变量之间的相关程度；注意，$|r|=0$时，表明x与y毫无线性关系，但并不否定x与y之间可能存在其他的非线性关系。

仪器分析实验与分析化学实验相比，实验数据和信息量要大得多，要注意利用先进的计算机技术进行分析处理。例如大家熟悉的Microsoft Excel、Origin等系列软件就可以根据一套原始数据，在数据库、公式、函数、图表之间进行数据传递、链接和编辑等操作，从而对原始数据进行汇总列表、数据处理、统计计算、绘制图表、回归分析及验证等。

第二节 实验用水

分析化学实验应使用纯水，一般是蒸馏水或去离子水。有的实验要求用二次蒸馏水或更高规格的纯水，如电化学分析、液相色谱等的实验。纯水并非绝对不含杂质，只是杂质含量极微而已。分析化学实验用水的级别及主要技术指标见表 1-1。

表 1-1 分析化学实验用水的级别及主要技术指标

指标名称	一级	二级	三级
pH 范围（25℃）	—	—	5.0～7.5
电导率（25℃）/（$mS \cdot m^{-1}$）	≤0.01	≤0.10	≤0.50
可氧化物质（以 O 计）/（$mg \cdot L^{-1}$）	—	<0.08	<0.4
蒸发残渣［（105±2）℃］/（$mg \cdot L^{-1}$）	—	≤1.0	≤2.0
吸光度（254 nm，1 cm 光程）	≤0.001	≤0.01	—
可溶性硅（以 SiO_2 计）/（$mg \cdot L^{-1}$）	≤0.01	≤0.02	—

注：在一级、二级纯度的水中，难于测定真实的 pH，因此对其 pH 的范围不作规定；在一级水中，难于测定其可氧化物质和蒸发残渣，故也不作规定。

（一）蒸馏水

通过蒸馏方法除去水中非挥发性杂质而得到的纯水称为蒸馏水。同是蒸馏所得纯水，其中含有的杂质种类和含量也不同。用玻璃蒸馏器蒸馏所得的水含有 Na^+和 SiO_3^{2-} 等离子；而用铜蒸馏器所制得的纯水则可能含有 Cu^{2+}。

（二）去离子水

利用离子交换剂去除水中的阳离子和阴离子杂质所得的纯水称为离子交换水或去离子水。未进行处理的水可能含有微生物和有机物杂质，使用时应注意。

（三）纯水质量的检验

纯水的质量检验指标很多，分析化学实验室主要对实验用水的电导率、酸碱度、钙镁离子含量、氯离子含量等进行检测。

电导率：选用适合测定纯水的电导率仪（最小量程为 $0.02S \cdot cm^{-1}$）测定。

酸碱度：要求 pH 为 6～7。检验方法如下。

1. 简易法

取 2 支试管，各加待测水样 10mL，其中一支加入 2 滴甲基红指示剂不显红色，另一支加 5 滴 0.1%溴麝香草酚蓝（溴百里酚蓝）不显蓝色为符合要求。

2. 仪器法

用 pH 计测量与大气相平衡的纯水的 pH，在 6～7 为合格。

3. 钙镁离子

取 50mL 待测水样，加入 pH 为 10 的氨水-氯化铵缓冲液 1mL 和少许铬黑 T（EBT）指示剂，不显红色（应显纯蓝色）。

4. 氯离子

取 10mL 待测水样，用 2 滴 $1mol \cdot L^{-1}$ HNO_3 酸化，然后加入 2 滴 $10g \cdot L^{-1}$ $AgNO_3$ 溶液，摇匀后不浑浊为符合要求。

分析化学实验中，除络合滴定必须用去离子水外，其他方法均可采用蒸馏水。分析化学实验用的纯水必须注意保持纯净、避免污染。通常采用以聚乙烯为材料制成的容器盛装实验用纯水。

第三节 试 剂

分析化学实验中所用试剂的质量直接影响分析结果的准确性，因此应根据所做实验的具体情况，如分析方法的灵敏度与选择性、分析对象的含量及对分析结果准确度的要求等，合理选择相应级别的试剂，在保证实验正常进行的同时，避免不必要的浪费。

（一）化学试剂的分类

化学试剂产品已有数千种，而且随着科学技术和生产的发展，新的试剂种类还将不断产生。现在还没有统一的分类标准，本书只简要地介绍标准试剂、一般试剂、高纯试剂和专用试剂。

1. 标准试剂

标准试剂是用于衡量其他（欲测）物质化学量的标准物质，习惯称为基准试剂。其特点是主体含量高，使用可靠。我国规定滴定分析第一基准试剂和滴定分析工作基准试剂中主体含量分别为（100±0.02）%和（100±0.05）%。主要国产标准试剂的种类及用途见表 1-2。

表 1-2 主要国产标准试剂的种类及用途

类 别	主要用途
滴定分析第一基准试剂	工作基准试剂的定值
滴定分析工作基准试剂	滴定分析标准溶液的定值
滴定分析标准溶液	滴定分析法测定物质的含量
杂质分析标准溶液	仪器及化学分析中作为微量杂质分析的标准
一级 pH 基准试剂	pH 基准试剂的定值和高精密度 pH 计的校准

续表

类　别	主要用途
pH 基准试剂	pH 计的校准（定位）
热值分析试剂	热值分析仪的标定
气相色谱分析标准试剂	气相色谱法进行定性和定量分析的标准
临床分析标准溶液	临床化验
农药分析标准试剂	农药分析
有机元素分析标准试剂	有机物元素分析

2. 一般试剂

一般试剂是实验室最普遍使用的试剂，其规格是以其中所含杂质的多少来划分的，包括通用的一级、二级、三级、四级试剂和生化试剂等。一般试剂的分级、标志、标签颜色和主要用途列于表 1-3。

表 1-3　一般试剂的分级、标志、标签颜色及主要用途

级别	中文名称	英文符号	适用范围	标签颜色
一级	优级纯（保证试剂）	GR	精密分析实验	绿色
二级	分析纯（分析试剂）	AR	一般分析实验	红色
三级	化学纯	CP	一般化学实验	蓝色
四级	实验试剂	LR	一般化学实验辅助试剂	棕色或其他颜色
生化试剂	生化试剂、生物染色剂	BR	生物化学及医用化学实验	咖啡色 玫瑰色

3. 高纯试剂

高纯试剂的最大特点是其杂质含量比优级纯或标准试剂都低，用于微量或痕量分析中试样的分解和试液的制备，可最大限度地减少空白值带来的干扰，提高测定结果的可靠性。同时，高纯试剂的技术指标中，其主体成分与优级纯或标准试剂相当，但标明杂质含量的项目则多 1～2 倍。

4. 专用试剂

专用试剂是指有专门用途的试剂。例如，在色谱分析法中使用的色谱纯试剂、色谱分析专用载体、填料、固定液和薄层分析试剂，光学分析法中使用的光谱纯试剂和其他分析法中的专用试剂。专用试剂除了符合高纯试剂的要求外，更重要的是在特定的用途中，其杂质成分不产生明显的干扰。

（二）使用试剂的注意事项

（1）打开瓶盖（塞）取出试剂后，应立即将瓶盖（塞）盖好，以免试剂吸潮、沾污和变质。

（2）瓶盖（塞）不许随意放置，以免被其他物质沾污，影响原试剂质量。

（3）试剂应直接从原试剂瓶取用，多取的试剂不允许倒回原试剂瓶。

（4）固体试剂应用洁净、干燥的小勺取用。取用强碱性试剂后的小勺应立即洗净，以免腐蚀。

（5）用吸管取用液态试剂时，绝不许用同一吸管同时吸取两种试剂。

（6）盛装试剂的瓶上，应贴有标明试剂名称、规格及出厂日期的标签。没有标签或标签字迹难以辨认的试剂，在未确定其成分前，不能随便使用。

（三）试剂的保存

试剂放置不当可能引起质量和组分的变化，因此正确保存试剂非常重要。一般化学试剂应保存在通风良好、干净的地方，避免水分、灰尘及其他物质的沾污，并根据试剂的性质采取相应的保存方法和措施。

（1）容易腐蚀玻璃的试剂，应保存在塑料或涂有石蜡的玻璃瓶中。这类试剂有氢氟酸、氟化物（氟化钠、氟化钾、氟化铵）、苛性碱（氢氧化钾、氢氧化钠）等。

（2）见光易分解、遇空气易被氧化和易挥发的试剂应保存在棕色瓶里，放置在冷暗处。例如，过氧化氢（双氧水）、硝酸银、焦性没食子酸、高锰酸钾、草酸、铋酸钠等属于见光易分解物质；氯化亚锡、硫酸亚铁、亚硫酸钠等属于易被空气逐渐氧化的物质；溴、氨水及大多有机溶剂属于易挥发的物质。

（3）吸水性强的试剂应严格密封保存，如无水碳酸钠、苛性钠、过氧化物等。

（4）易相互作用、易燃、易爆炸的试剂，应分开储存在阴凉通风的地方。例如，酸与氨水、氧化剂与还原剂属于易相互作用物质；有机溶剂属于易燃试剂；氯酸、过氧化氢、硝基化合物属于易爆炸试剂等。

（5）剧毒试剂应专门保管，以免发生中毒事故。例如，氰化物（氰化钾、氰化钠）、氢氟酸、二氯化汞、三氧化二砷（砒霜）等属于剧毒试剂。

第四节　常用绘图软件在化学中的应用

在仪器分析实验教学及科学研究过程中，经常要处理大批实验数据，其步骤包括数据记录、整理、分析、计算，然后用表格和图形表示出来，以此说明实验现象并得出结论。对某些特殊领域的科学实验，已开发出专门软件与特定仪器联机使用，做到了实验数据记录、分析、计算、出图一体化，从而提高了实验数据处理的水平与效果。但仍有大量普遍又具有个性化的实验需要专业人员运用常用的或某些专业软件来处理实验数据，找到两者的结合点，以此提高化学实验教学的实际水平和计算机辅助科学实验的水平。

目前，用于处理实验数据的软件主要有 Microsoft Excel（以下简称 Excel）和 Origin。Excel 是优秀的电子表格软件，具有卓越的图表和数值计算功能，是数据处理工作者常用的工具软件，它在数据综合管理和分析方面具有功能强大、技术先进、使用方便等特点。虽然 Excel 具有强大的数据分析功能，并能很方便地将数据处理过程的基本单元制成电子模板，使用时，只要调出相应的模板，输入原始数据，激活相应的功能按钮，就能得到实验作图要求的各项参数，但是其图形处理、分析功能不如 Origin。Origin 是美国 Lab 公司开发的一款优秀的科技绘图和数据分析软件，使用它可绘制出精美的图表，清晰地展示复杂数据。若将两者结合，利用 Excel 模板制作实验数据处理表，再将所需数据直接从 Excel 导入 Origin 作图，就能取长补短。

ChemDraw 软件是优秀的化学结构绘图软件，其所绘制的化学结构图符合各期刊指定的格式，其在绘制复杂的分子空间结构图方面表现得游刃有余。它还具备对有机化合物进行系统命名，预测有机分子的核磁共振图谱（1H-NMR 和 13C-NMR）以及绘制实验装置图等各种功能，对于化学理论和实验教学具有很好的辅助作用。

（一）Excel 软件

众所周知，Excel 软件具有强大的数据计算与分析功能，可以将数据用不同类型的图形形象地加以表示。在处理化学实验数据时，经常用到的 Excel 的功能有：①制作表格；②函数计算；③图形表示。以下主要讨论 Excel 的函数计算功能与图表功能。

1. Excel 软件的函数计算功能

Excel 具有数百个有用函数。这些预写公式简化了对数字、时间、文本等进行计算的复杂过程。此处主要讨论 Excel 软件中统计函数的应用。

【例 1】现有一组实验数据 17.3、17.5、17.6、17.8、18.1、18.2。利用 Excel 工具求和并计算这些数据的平均值、平均偏差、标准偏差和相对标准偏差。

解：(1) 输入以上数据。打开 Excel 软件，在所选定的栏目中输入数据 17.3、17.5、17.6、17.8、18.1、18.2，如图 1-1 所示。为了便于说明，A 列输入了汉字，实际工作中没有必要输入汉字，直接将数据输入 A 列中即可。

(2) 计算。

① 求和：选中以上 6 个数据，选择工具栏“Σ”中“求和（Sum）”函数，即可在数据下方出现计算结果，为 106.5，如图 1-1 所示。或者在 B8 栏中输入“=Sum（B2:B7）”，按“Enter”键，也可获得以上数据的和。

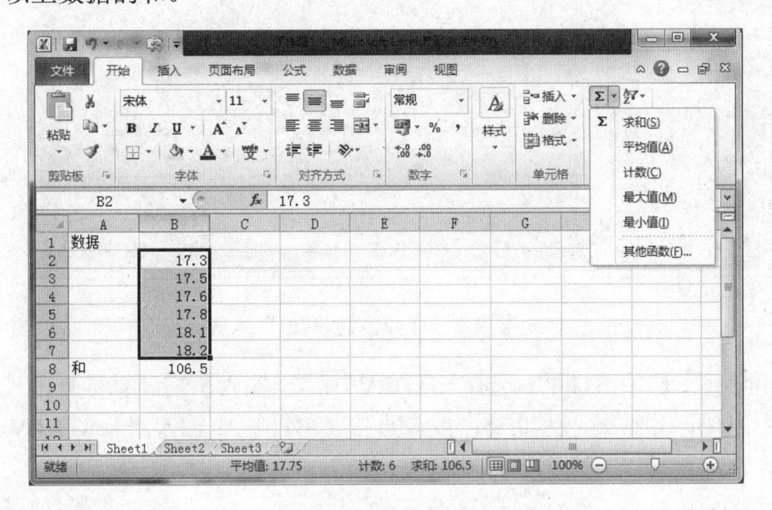

图 1-1　求和的计算

② 计算算术平均值：选中以上 6 个数据，选择工具栏“Σ”中“平均值（AVERAGE）”

函数，即可在 B9 栏中出现计算结果，为 17.75。或者在 B9 栏中输入“= AVERAGE（B2:B7）”，按“Enter”键，也可获得以上数据的算术平均值。

③ 计算平均偏差：选中 B10 栏，选择工具栏“Σ”中“其他函数”，出现“插入函数”对话框，如图 1-2 所示。选择所需的计算平均偏差的“AVEDEV”函数，出现“函数参数”对话框，如图 1-3 所示。输入所需计算数据的地址“B2:B7”，即可在 B10 栏中出现计算结果，为 0.28；或者直接在 B10 栏中输入“= AVEDEV（B2:B7）”，按“Enter”键，也可获得以上数据的平均偏差。

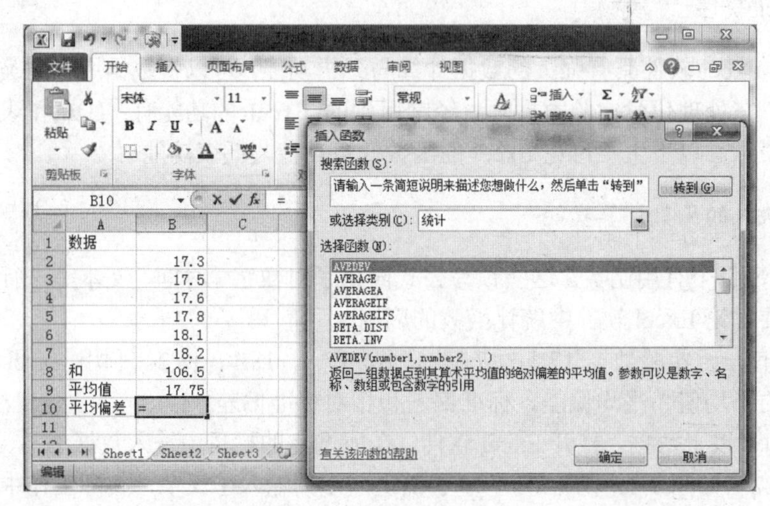

图 1-2　选择函数

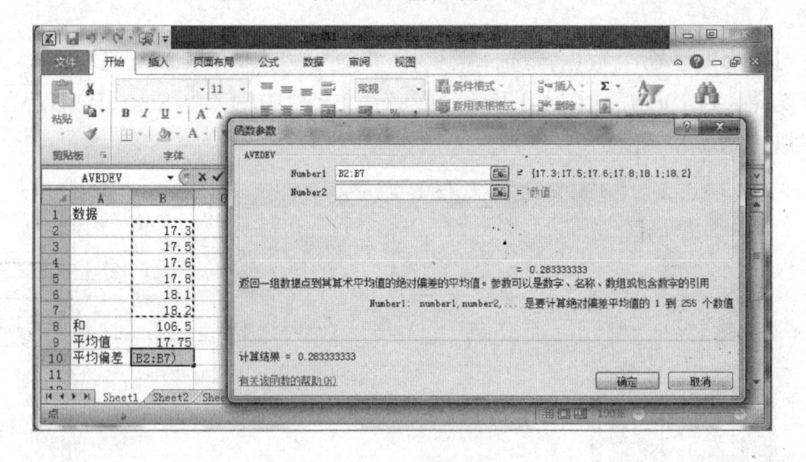

图 1-3　选择函数参数

④ 计算标准偏差：选中 B11 栏，选择“STDEV”函数，输入所需计算数据的地址“B2:B7”，即可在 B11 栏中出现计算结果，为 0.35；或者直接在 B11 栏中输入“= STDEV（B2:B7）”，按“Enter”键，也可获得以上数据的标准偏差。

⑤ 计算相对标准偏差：引用公式 $s_1 = \frac{s}{x} \times 100\%$，通过工作表之间的相互引用，在 B12 栏中输入“=B11/B9*100”，如图 1-4 所示，按“Enter”键，即可获得以上数据的相对标准偏差，为 2.0%。

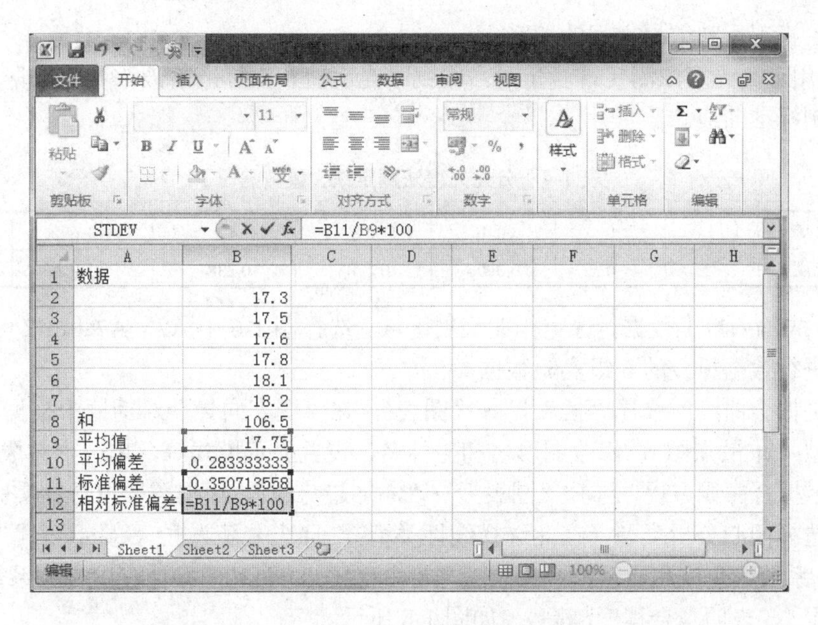

图 1-4　计算结果

需要说明的是，所求数据有效数字位数的取舍要根据数字的修约规则进行。根据修约规则选定有效数字的位数后，可在 Excel 中设定需要的位数。例如图 1-4 中计算的平均值结果为“17.75”，若需修约为 3 位有效数字，则选中需修约的数字“17.75”，右击，选择“设置单元格格式”，选择小数位数为 1，可获得“17.8”的结果，如图 1-5 所示。

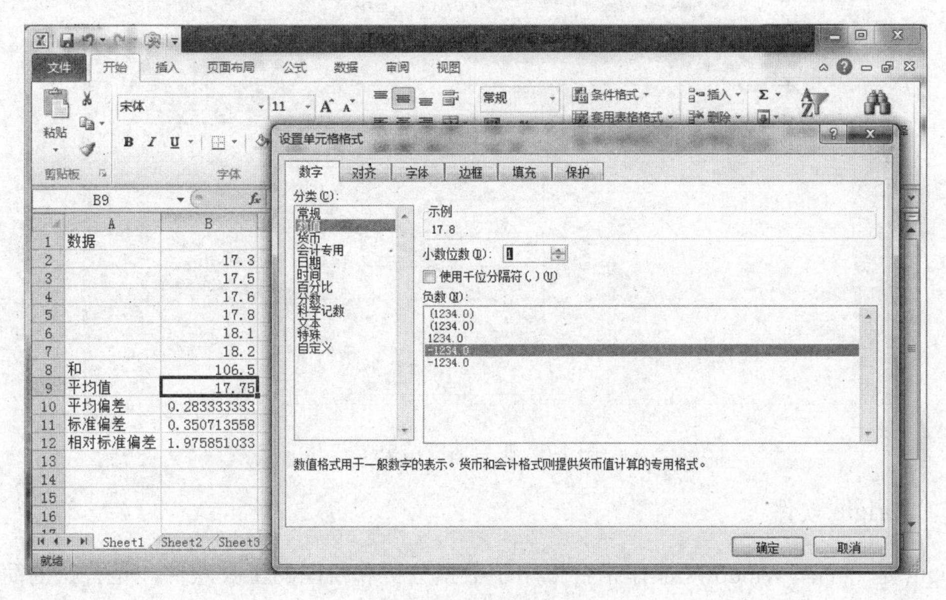

图 1-5　设置有效数字位数

2. 用 Excel 绘图功能处理实验数据

Excel 提供了很好的绘图功能，可通过图表向导绘制图形，能够同时显示实验数据点、曲线、趋势线，直观反映数据之间的关系。

【例 2】用分光光度法测定铁含量时，得到吸光度值和铁标准溶液浓度的数据，如表 1-4 所示，试绘制标准曲线。

表 1-4　分光光度法测定铁含量数据

铁标准溶液浓度/（$mg\cdot L^{-1}$）	0	0.4	0.8	1.2	1.6	2.0
吸光度 A	0	0.0706	0.1785	0.2381	0.3862	0.4191

解：(1) 先输入以上数据，选定作图数据区域。选择图 1-6 中 A2～A7 和 B2～B7 两列数据，即需要进行数据拟合的 6 组实验数据。

(2) 绘制拟合曲线。选择"插入"→"图表"，在"图表向导"对话框中根据系统提示，选择图表类型（*xy* 散点图），修改图形名和坐标名，设置显示模式等，单击"完成"按钮。

(3) 显示拟合曲线方程。选择"图表"→"添加趋势线"，根据需要拟合的实验数据点的分布形态，选择回归分析类型（在此选择线性类型），且选中复选框 "显示公式"和"显示 R 平方值"，系统将生成和显示拟合公式"y=4.4342*x+0.0448"，并计算出相关系数 R（R 平方值越接近于 1，表明拟合程度越高），如图 1-6 所示。

(4) 提取拟合参数。通过生成的拟合方程可以得到直线的斜率为 4.4342，截距为 0.0448，把试样的吸光度值代入拟合公式，可得到试样的铁含量。

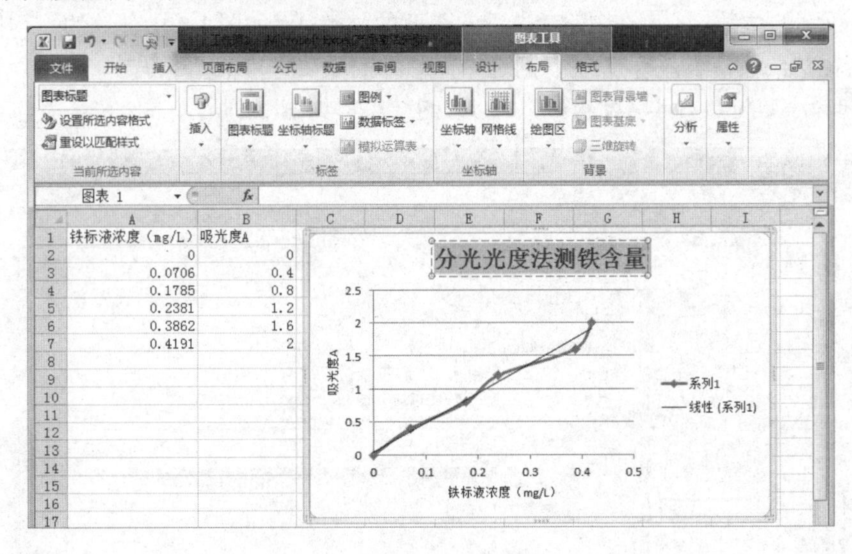

图 1-6　拟合曲线结果

（二）Origin 软件

Origin 是一个在 Windows 操作平台下用于数据分析和绘图的工具软件，是公认的简单易学、操作灵活、功能强大的软件。Origin 软件可以快捷、准确地完成各种类型的数据处理，结果精确度高，绘出的图形细致、美观，而且使用简便，无须编程，只需单击鼠标，选择菜单命令就可以完成大部分工作，获得满意的结果。Origin 具有两大主要功能：绘图和数据分析。Origin 的绘图功能主要基于模板，其模板库提供了 50 多种 2D 和 3D 图形模板。用户可以使用这些模板绘图，也可以根据需要自己设置模板。Origin 的数据分析功能包括数据排序、计算、统计、平滑、拟合和频谱分析等。

1．使用 Origin 软件绘图

使用 Origin 软件绘图的一般步骤如下：

1）数据输入

当 Origin 启动或新建一个文件时，默认打开一个工作表（Worksheet）窗口，该窗口默认为 A（X）、B（Y）两列，分别代表自变量和因变量。A 和 B 是列的名称，双击工作表顶部列标签，弹出数据表格式化对话框，在此对话框中可改变列的名称（Column Name）、列的标识（Plot Designation）、数据的类型（Display）、数的格式（Format）、数的显示格式（Numeric Display）、列宽（Column Width）或为列标签添加说明（Column Label）。在工作表窗口中可以用键盘或鼠标移动插入点直接输入数据，也可选择“文件（File）”→“导入（Import）”，从外部文件导入数据。选择“列（Column）”→“增加列（Add New Column）”或单击快捷图标，可增加工作表的列数，如图 1-7 所示。

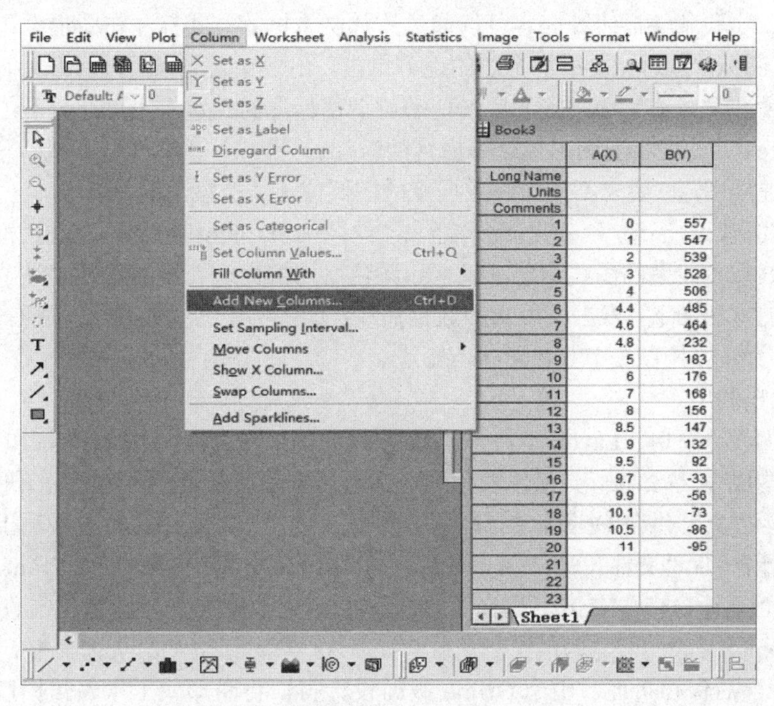

图 1-7　添加列示意图

2）绘图

利用 Origin 软件可以绘制多种图形，包括折线图、散点图、向量图、柱状图、饼图、区域图、极坐标图及各种 3D 图表、统计用图表等。在分析化学实验中通常使用的是折线图、散点图和点线图。一般来讲，绘图步骤如下：在工作表窗口中选定用来作图的数据列或数据范围，选择“绘图（Plot）”菜单，根据预制图形的特点选择需要绘制的图形模式，如绘制吸收曲线应选择折线图（Line），绘制标准曲线，则应选择散点图（Scatter），然后再做线性拟合。

也可以直接从窗口下方的快捷工具栏模板中选取图形模板，得到数据图形。

选择“图形（Graph）”菜单下的“添加图层（Add Plot to Layer）”，可在当前图层中加入一组新的数据点，这个命令可以将同一个数据表或不同数据表上的几组数据绘于同一个图形上，方便同一坐标轴上的数据比对。

3）图形编辑

通过前面步骤得到的图形存在很多缺陷，如坐标轴刻度不美观、无坐标说明、无图形标题、无曲线内容说明、无实验条件描述等，所以需要进一步对其进行格式的编辑。

对坐标轴的编辑可以通过打开坐标轴对话框来实现：双击坐标轴，或右击坐标轴，选择“标签（Scale）”→“刻度标签（Tick Labels）”或“属性（Properties）”。打开坐标轴对话框后，就可以对当前选中的坐标轴进行修改，如可以修改坐标轴的起止位置、坐标增量、坐标轴线宽、坐标显示类型、坐标颜色、坐标字号大小等。

对坐标说明文本的编辑，可以通过双击坐标说明文本框直接进行修改或右击坐标说明文本框，选择“属性（Properties）”，打开坐标说明文本对话框来实现。可在坐标说明文本对话框中输入如 c（$mol{\cdot}L^{-1}$）、c（$g{\cdot}L^{-1}$）、V（mL）、E（mV）、A 或 t（s）等内容对坐标进行说明。

图形标题、实验条件描述等内容可以通过添加文本框的方式标注在图形上：先单击左边工具栏中“T”图标，然后在要添加标注的地方单击，出现输入光标后即可开始输入文字。输入完单击文字所在位置成为选中状态后，拖动可调整标注的位置。也可通过右击，选择“添加文本（Add Text）”，来实现图形标题等内容的添加。

对于多条曲线图形，要求不同曲线数据点的图例或连线类型不同，以明确区分不同曲线，这就要求对曲线进行适当编辑。曲线编辑都在“绘图细节（Plot Details）”对话框中进行，可以对散点、折线或点线图的图线类型、风格、颜色、点的大小、线的粗细等细节进行定义。打开该对话框的方法如下：双击要编辑的数据曲线；或图例中的曲线标志；或右击图形区域，选择快捷菜单命令 “绘图细节（Plot Details）”。

4）图形输出利用

Origin 版面设计窗口（Layout）将 Origin 项目中的工作表数据、绘图窗口的图形及其他窗口或文本等构成“一幅油画”，工作表和图形都被当作图形对象。排列这些图形对象可创建定制的图形展示方案，供在 Origin 中打印或向剪贴板中输出。采用这种方式输出，需要先创建一个版面设计窗口：“文件（File）”→“新建（New）”→“版面设计（Layout）”→“确定（OK）”。在版面设计窗口中右击，添加工作表、图形或相关文字。选择“文件（File）”→“输出页面（Export Page）”，打开“另存为（Save As）”对话框，给页面命名，选择存储类型为“*.eps”，然后保存页面。由于 Origin 版面设计窗口将图形或工作表数据以“图画”形式输出，图形一旦输出不能修改，使用时并不十分方便，故推荐一种更为方便、简单、使用更为广泛的输出方式：在图形窗口激活状态下，单击“编辑（Edit）”菜单，选择“复制页面（Copy Page）”，将当前绘图窗口中绘制的整个页面复制至 Windows 系统的剪贴板，这样就可以在其他应用程序如 Word 中进行粘贴等操作。复制到 Word 中的图形如果需要继续修改、完善，可以在 Word 页面中通过双击图形的方式返回 Origin 程序中，修改完成后关掉 Origin 程序即可。

2. 使用 Origin 软件进行数据分析

除了强大的绘图功能外，Origin 软件的数据分析功能对分析化学实验数据的统计处理也有极大的帮助。在工作表窗口激活状态下，选定要分析的数据列或数据范围，选择“统计（Statistics）”→“描述统计（Descriptive Statistics）”→“按列统计（Statistics On Columns）”，将打开一个新的工作表窗口，其中给出了选定各列数据的各项统计参数，包括平均值（Mean）、标准偏差（Standard Deviation，即 SD）、标准误差（Standard Error，即 SE）、总和（Sum）及数据组数（N）等。若原始工作表中的数据有改动，单击工作表窗口上方的“重新计算（Recaculate）”按钮，即可重新计算，得到更新的统计数据。类似地，可选择“统计（Statistics）”→“描述统计（Descriptive Statistics）”→“按行统计（Statistics On Rows）”对行进行统计。选择“统计（Statistics）”→“假设检验（Hypothesis Testing）”→“单样本 t 检验（One Sample t Test）”可以对单个数据进行 t 检验，判断所选数据在给定置信度下是否存在显著性差异，结果会在弹出的脚本窗口（Script Windows）中显示。还可以利用“分析工具（Analysis）”菜单进行数据排列（Sort Range）、快速傅里叶变换（FFT）、多元回归（Multiple Regression）等。

1）线性拟合

分析化学实验经常采用标准曲线法对未知试样溶液浓度进行分析，线性拟合是常用的数据图形处理手段。方法如下：在工作表窗口中输入实验测得的数据，选定用来作图的数据列或数据范围，选择“绘图（Plot）”→“散点图（Scatter）”，得到数据图形。此时，可初步判断数据点的线性。如果数据基本符合线性规律，可对其进行线性拟合：依次单击“分析工具（Analysis）”→“拟合（Fitting）”→“线性拟合（Fit Linear）”→“打开对话框（Open Dialog）”，在弹出的对话框单击“确定（OK）”按钮，在绘图窗口中就会给出拟合的直线。选择“视图（View）”→“结果日志（Results Log）”，在弹出的窗口中可查看拟合参数，如回归系数 R、拟合的标准偏差 SD、拟合数据点个数 N、$R=0$ 的概率 P，拟合直线的斜率 B 和截距 A 等。在线性拟合工具箱下端“Find Y”中输入 Y 值，单击“Find X”，即可以内插法确定相应的 X 值。

同理，选择“分析工具（Analysis）”→“拟合（Fitting）”→“多项式拟合（Fit Polynomial）”或“S 形曲线拟合（Fit Sigmoidal）”，将分别调出多项式拟合、S 形曲线拟合的工具箱。设置好各个选项后单击“确定（OK）”按钮，将给出相应的拟合结果。

2）数据点掩蔽

在由实验数据得到的散点图中，如果发现个别点偏离严重，或有的数据不希望参与拟合统计，最好也不要删除，可采用掩蔽的方式将其排除在拟合统计的范围之外。该方法可以有效地保证原始数据的完整性。数据点掩蔽的方法如下：在左侧工具栏选择“区域掩蔽工具（Regional Mask Tool）”→“向活动绘图添加掩蔽点（Add Masked Points to Active Plot）”，此时鼠标指针变成方形数据点选择模式，把预掩蔽的数据点框起来，会发现数据点的原有颜色发生了变化，表明掩蔽成功。之后，按上述步骤进行拟合，被掩蔽的数据点显示在图中，但其不会参与拟合分析。

3）在同一张图上绘制多条线

在分析化学实验中，经常遇到需要将多组数据呈现在一幅图上的情况。例如，在仪器分析实验中，采用紫外-可见分光光度法测定物质的浓度，一般需要首先绘制待测物质的吸收曲线，以确定最佳测定波长。为了使测定结果有较高的灵敏度和准确度，测定波长应选择被测物质的最大吸收波长。然而，若体系中存在干扰物质，且干扰物在该波长下也有强烈的吸收，则必须重新选择测定波长。通过 Origin 作图，在同一张图上绘制多条线，可以清晰地显示出不同波长下干扰物质对待测物质吸光度的影响，利于测定波长的确定。此外，双波长分光光度法也要求在同一张图上绘制多条线，以便于选取两个合适的测定波长。下面以紫外光谱法测定蒽醌含量为例，讲述如何在同一张图上绘制多条线。

蒽醌产品中往往含有副产品邻苯二甲酸酐。打开 Origin，将蒽醌吸收曲线实验数据输入工作表 Data1 中：A 列（默认为 *X* 轴）输入蒽醌的测定波长 λ 数值，B 列（默认为 *Y* 轴）输入蒽醌的吸光度数值。添加 C 列（默认为 *Y* 轴）、D 列（默认为 *Y* 轴），在 C、D 列中以相同的方法输入邻苯二甲酸酐吸收曲线实验数据。双击工作表 Data1 的 C 列标签，在弹出的数据表格式化窗口中修改列标识（Plot Designation）为 *X*，单击“确定（OK）”按钮返回 Data1 数据表，这时会发现整个 Data1 的列名称都发生了变化，变为 A（X1）、B（Y1）、C（X2）、D（Y2），如图 1-8 左侧所示。按住鼠标左键拖动选定工作表中的 A、B、C 和 D 列，单击工具栏上“绘图（Plot）”→“折线图（Line）”，如图 1-8 右上部分所示，蒽醌和邻苯二甲酸酐的吸收曲线被同时绘制在同一张图上。双击图线打开“绘图细节（Plot Details）”对话框，对曲线进行适当编辑，如通过改变“数据点连接线类型”让曲线变得平滑美观；通过改变“线型风格”让多组数据线即使黑白打印也能清晰区别开来；通过改变“线宽”让图线粗细更符合要求。另外，改变图例说明或添加文本对两条曲线加以区分、说明，同时对坐标轴、坐标说明文本进行必要的编辑以使图形更规范，如图 1-8 右下侧所示，以便后期输出。最后，单击左侧工具栏中的数据读取工具，在蒽醌吸收曲线上双击，曲线上出现红色的十字形，同时跳出此时对应的蒽醌吸收曲线的 *X* 轴和 *Y* 轴数值窗口。用键盘上的“左移”“右移”键移动十字形标志，读取不同测定波长下对应的吸光度。在蒽醌的最大吸收波长 251nm 处，邻苯二甲酸酐有明显干扰；而在 323 nm 处，邻苯二甲酸酐的干扰几乎可以忽略，故选择 323nm 作为邻苯二甲酸酐存在下蒽醌含量测定的波长。

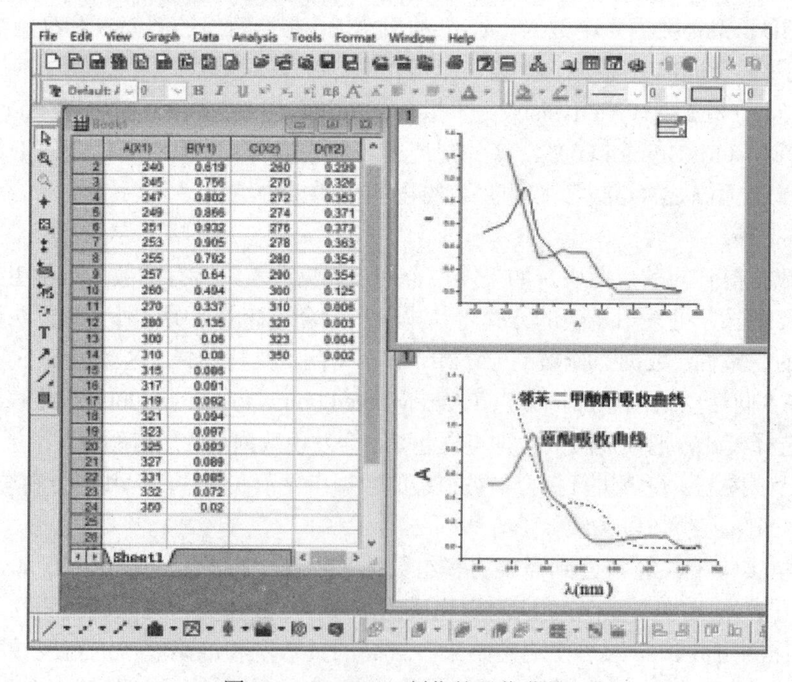

	A(X1)	B(Y1)	C(X2)	D(Y2)
2	240	0.619	260	0.299
3	245	0.756	270	0.326
4	247	0.802	272	0.353
5	249	0.866	274	0.371
6	251	0.932	276	0.373
7	253	0.905	278	0.363
8	255	0.792	280	0.354
9	257	0.64	290	0.354
10	260	0.494	300	0.125
11	270	0.337	310	0.006
12	280	0.135	320	0.003
13	300	0.08	323	0.004
14	310	0.08	350	0.002
15	315	0.086		
16	317	0.091		
17	319	0.092		
18	321	0.094		
19	323	0.097		
20	325	0.093		
21	327	0.089		
22	331	0.085		
23	332	0.072		
24	350	0.02		
25				
26				

图 1-8　Origin 8.0 制作的吸收曲线

4）二次微商法确定电位滴定终点

在仪器分析所有实验数据处理方法中，最为烦琐的是电位滴定分析中的二次微商法确定电位滴定终点。在沉淀反应电位滴定实验中，随滴定剂的不断加入，被测物与滴定剂不断反应，溶液电位 E 不断变化，在等电点前后，电位发生突变。由所加入滴定剂的体积 V 和所测得的电位 E，绘制滴定曲线。滴定终点确定有 3 种方法：滴定曲线法（$E \sim V$）、一次微商曲线法（$\Delta E/\Delta V \sim V'$）和二次微商曲线法（$\Delta^2 E/\Delta V^2 \sim V$），其中二次微商法准确度高。若按传统的手工计算及作图方法，均难以避免计算烦琐、容易出错及手工绘图不易等缺点。利用 Origin 强大的计算绘图功能，可以将实验结果轻松绘图，简化滴定实验后续过程的数据处理。下面以硝酸银标准溶液滴定氯化钠和碘化钠混合溶液为例，介绍如何利用二次微商法确定电位滴定终点。

打开 Origin，在工作表中输入滴定数据（图 1-9 左侧）：A 列输入滴定剂消耗体积，B 列输入测得的电位值。选中要绘图的数据，单击工具栏上“绘图（Plot）”→“折线图（Line）”，即可绘制出一条滴定曲线，如图 1-9 右上部分所示。单击工具栏上“分析工具（Analysis）”→“数学运算（Mathematics）”→“微商（Differentiate）”可以对滴定曲线进行微商处理，单击一次为一次微商，再单击一次为二次微商。一次微商和二次微商的结果分别出现在两个新的图形窗口中。将一次微商曲线图形窗口删除，仅留二次微商曲线图形窗口。单击工具栏上“分析工具（Analysis）”→“波谱（Spectroscopy）”→“基线和峰值（Baseline and Peaks）”，在弹出的对话框的“方法（Method）”选项中选择“自动创建（Auto Create）”；接着在对话框下方单击“下一步（Next）”按钮，出现新的对话框，在“基线类型（Baseline Type）”选项中选择“自动计算（Auto Compute）”；接着在对话框下方单击“应用（Apply）”按钮，在二次微商图上绘出 0 基线，如图 1-9 右下方所示。单击左侧工具栏上放大工具，按住鼠标选择放大范围，将二次微商曲线和基线交汇部分放大，利用工具栏上的屏幕读数工具，读出二次微商曲线与基线交叉点对应的坐标，$Y=0$ 时对应的 X 即为滴定终点的体积。本实验两个滴定终点 $V_{终点(NaI)}=4.71\text{mL}$，$V_{终点(NaCl)}=9.57\ \text{mL}$，与手工计算结果一致。

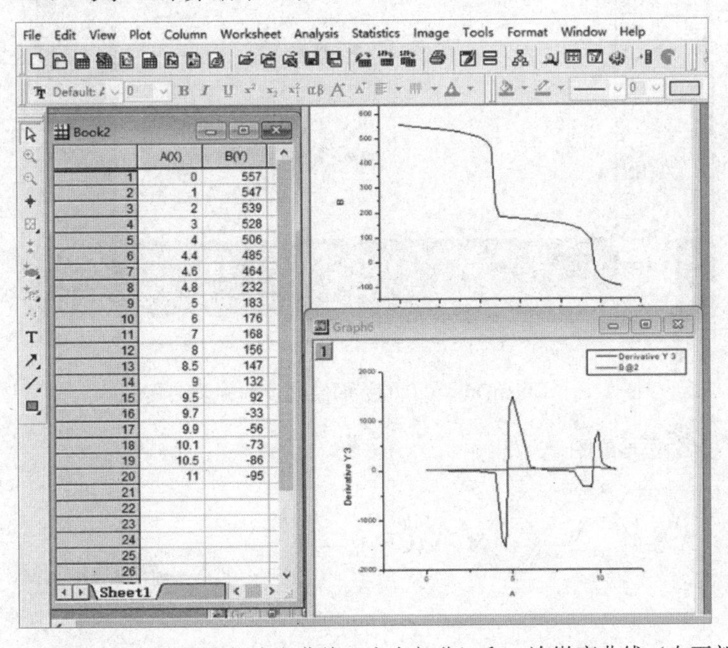

	A(X)	B(Y)
1	0	557
2	1	547
3	2	539
4	3	528
5	4	506
6	4.4	485
7	4.6	464
8	4.8	232
9	5	183
10	6	176
11	7	168
12	8	156
13	8.5	147
14	9	132
15	9.5	92
16	9.7	-33
17	9.9	-56
18	10.1	-73
19	10.5	-86
20	11	-95

图 1-9　Origin 8.0 制作的电位滴定曲线（右上部分）和二次微商曲线（右下部分）

对图形进行一定的编辑，如坐标轴的格式化、坐标说明文本的格式化、数据点和线的格式化及添加文本框对图形进行说明，之后就可以对图形进行输出利用了。

（三）ChemDraw 软件

ChemDraw 功能强大，包括绘制化学结构及反应式，获得相应的属性数据、系统命名及光谱数据等。由于兼容性好，它成为各种论文、出版物等绘制化学分子结构图的标准。ChemDraw 在兼容方面完美融合了 Office 软件和 Chem3D 等软件，利用 ChemDraw 绘制的各种化学结构式，可以像在传统 Office 软件里一样，进行编辑、翻转等操作。将绘制好的化学方程式复制到 Office 软件中，双击即可打开，这样就可以在 Office 中进行修改，也可以复制到 Chem3D 中进行相关的操作。

1. 绘制结构式

利用 ChemDraw 中主工具图标板中显示的工具，如键工具、模板工具、箭头工具、符号工具等在编辑区可以进行有机分子的平面结构式输入。ChemDraw 8.0 的界面结构及各种子工具板如图 1-10 所示。

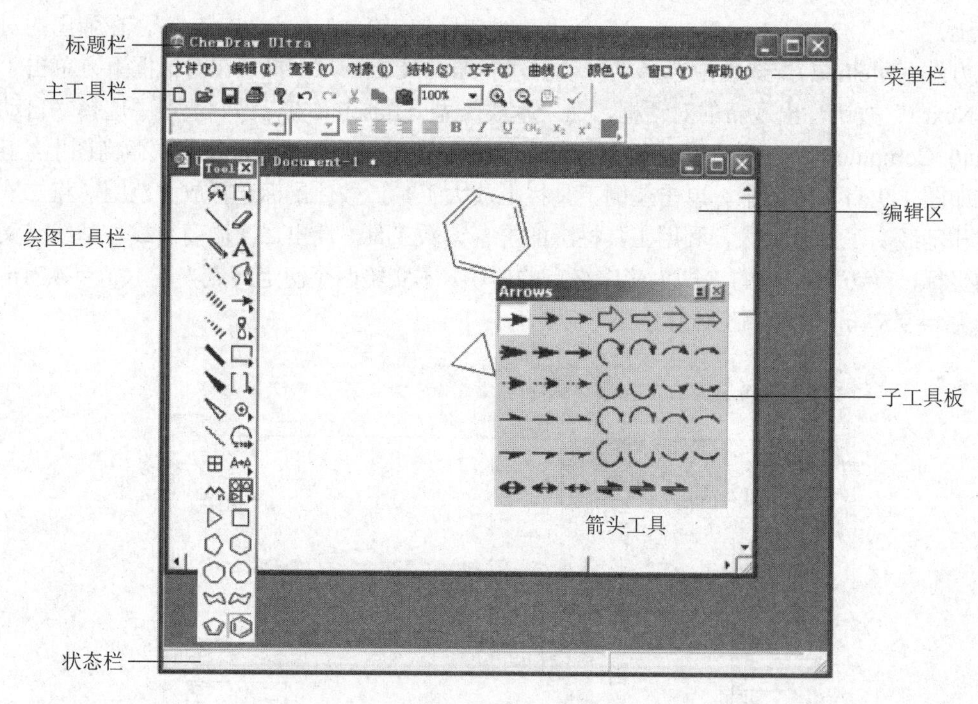

图 1-10　ChemDraw 8.0 的界面结构及各种子工具板

【例 1】绘制双偶极半菁阳离子。

Me_2N — N^+ — $(CH_2)_m$ — ^+N — NMe_2

解：绘制步骤如下：

（1）单击左侧主工具板中的，在文件窗口中适当位置长按鼠标左键，即可绘制出一个苯环，该苯环可随鼠标旋转，将旋转为。

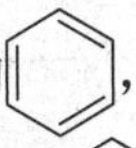

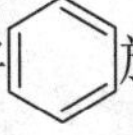

（2）单击主工具板中的，将鼠标指针移至箭头所指处，长按鼠标左键，绘制出单键，该单键可随鼠标旋转，将其转动至需要的位置。按上述方法绘制另一单键。

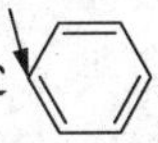

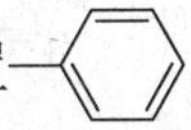

（3）单击主工具板中的，在下拉工具板中选择，绘制双键，如，绘制双键的另一方法是，在同一位置重复绘制两次单键。

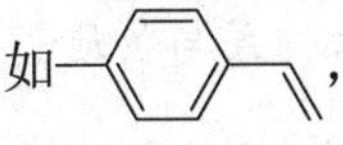

（4）将鼠标指针移至箭头所指处，输入“Me_2N”，按“Enter”键。如需更改字体及大小，可单击主工具板中，再单击需更改的文字，在 Arial 10 处更改。

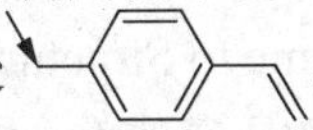

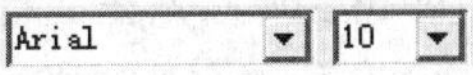

（5）绘制另一单键和另一苯环，如图Me_2N—。单击，再单击箭头所指处Me_2N—，输入“N”，按“Enter”键。单击工具栏中的，在下拉工具板中选择，在“N”的左上角绘制正电荷，这时会自动出现“H”，但在绘制“N”右边的单键后，会自动消失，得到图Me_2N—N^+—。

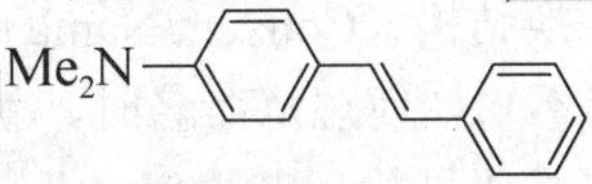

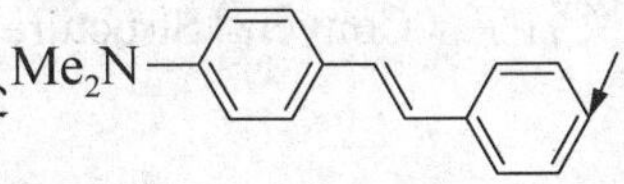

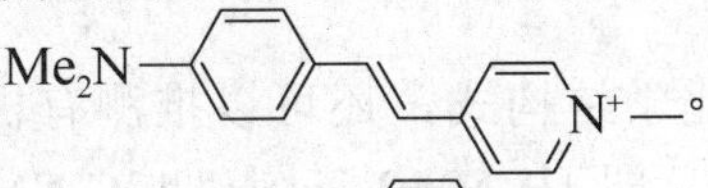

（6）单击，再单击箭头所指处Me_2N—N^+—，输入“$(CH_2)_m$”，按“Enter”键。

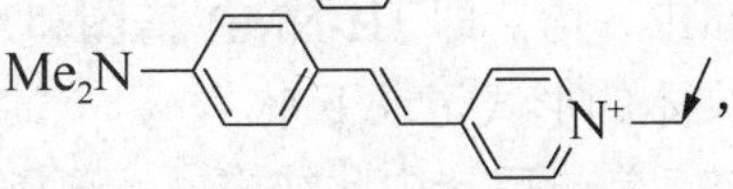

（7）由于双偶极半菁结构的对称性，右侧可通过复制左侧来完成。单击，选取已画结构式中除“$(CH_2)_m$”的部分，右击，选择“Copy”，并在空白处再右击，选择“Paste”。单击主工具板中的，选取复制所得的结构式，将鼠标指针移至箭头所指处 Me_2N— NH，将此部分旋转 180°。通过拖动，将它移至适当位置，单击，连接两部分，即得到最终的结构式。

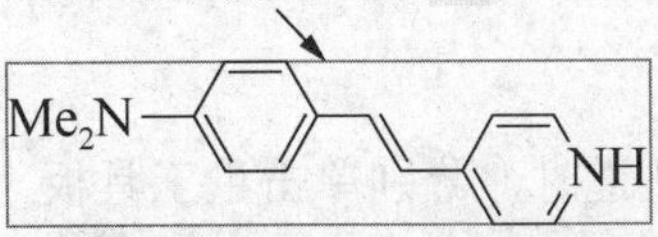

此绘制结构式的过程中，如果画错，可使用橡皮功能擦除。即单击主工具板中的，在需更改的区域，按住左键并来回拖动。如果需将绘制好的结构式复制到 Word 或 PPT 中，可单击选取结构式，右击，选择“Copy”，并在 Word 或 PPT 中粘贴即可。

2. 绘制化学反应式

绘制化学方程式时，先用上述方法绘制出方程式中化合物的结构，再添加反应条件部分（即箭头部分）即可。

【例 2】绘制以下化学方程式：

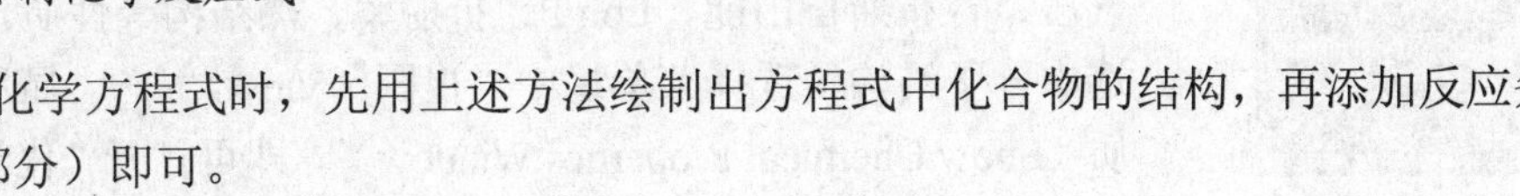

N^+—$(CH_2)_n$—^+N　Br^-　Br^-　+　Me_2N—　—CHO　$\xrightarrow[\text{回流6小时}]{\text{EtOH,六氢吡啶}}$

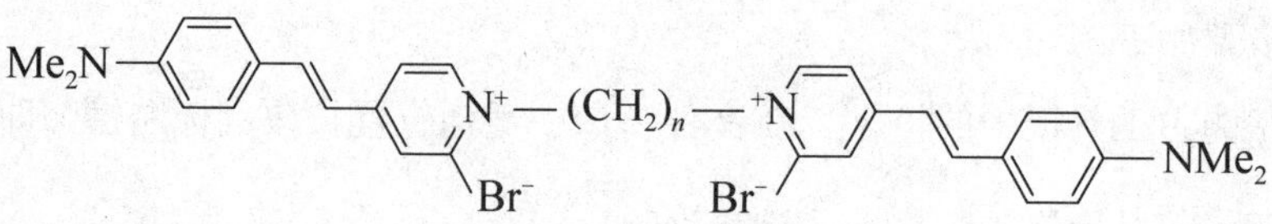

Me_2N—…—N^+—$(CH_2)_n$—^+N—…—NMe_2

Br^-　　Br^-

（1）单击主工具板中的，在下拉工具板中选择，绘制恰当大小的箭头。

（2）单击，再单击箭头上方需输入文字的区域，输入“EtOH，六氢哌啶”。注意：输入中文时，应变更为中文字体。同样，单击箭头下方需输入文字的区域，输入“回流 6 小时”。

3. 结构式与物质英文名的相互转换

已知物质的英文名，为了省去画结构式烦琐的步骤，只需要选择菜单栏中“结构（Structure）”→“名字转换结构（Convent Name to Structure）”，输入物质英文名，单击“确定（OK）”按钮即可。或者先在文档空白处写下物质英文名，单击，选中此英文名，再选择“结构（Structure）”→“名字转换结构（Convent Name to Structure）”。

已知物质的结构式，却不知如何规范命名时，就可先在文档空白处绘制物质结构式，单击，选中此结构式，再选择“结构（Structure）”→“结构转换名字（Convent Structure to Name）”，在结构式的下方就会出现此物质的英文名。

4. 预测核磁共振谱图

ChemDraw 不但可以绘制化学结构式，还可以推测有机化合物的核磁共振（Nuclear Magnetic Resonance，NMR）谱，即 1H-NMR 谱图和 13C-NMR 谱图，并且能计算每个核磁峰的高度和数目，并以文本的形式记录下来。

绘制出物质的结构式，单击选中此结构式，选择菜单栏中“结构（Structure）”→“预测氢谱位移（Predict 1H-NMR Shifts）”，即可出现此物质的 1H-NMR 谱图，虽然该谱图会有所偏差，但作为参考，也是很有用的。同样，选择“结构（Structure）”→“预测碳谱位移（Predict 13C-NMR Shifts）”，即可出现此物质的 13C-NMR 谱图。

5. 绘制 TLC 图、分子轨道图、仪器装置图

绘制 TLC（Thin Layer Chromatograpy，薄层色谱）图和分子轨道时，分别单击主工具板中的和即可；绘制仪器装置时，应先单击主工具板中的，再选择“仪器（Clipware）”进行绘制。

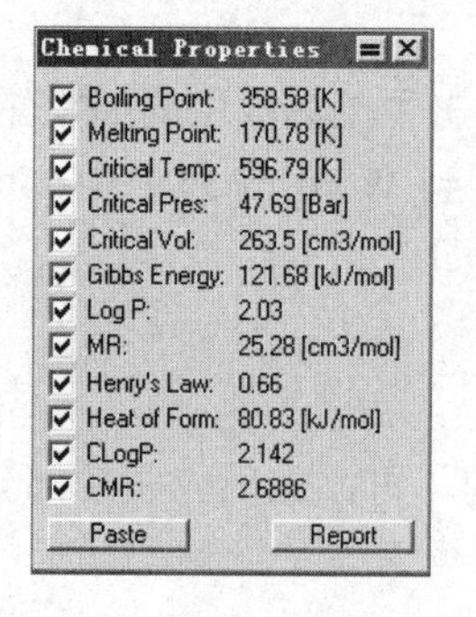

图 1-11　“化学性质（Chemical Properties）”对话框

6. 预测化合物的基本物理性质参数

ChemDraw 可以预测化合物的沸点、熔点、临界温度、临界气压、吉布斯自由能、Log P、折射率、热结构等性质。方法是选中分子结构，选择菜单栏中“视图（View）”→“显示化学性质（Show Chemical Properties Window）”，即可打开“化学性质窗口（Chemical Properties）”对话框，如图 1-11 所示。单击“粘贴（Paste）”按钮则在窗口粘贴物理性质文本，单击“报告（Report）”按钮则自动产生一个包含这些物理性质数据的记事本文件。

第五节　常用仪器分析方法

一、分子光谱法

分子从一种能态改变到另一种能态时的吸收或发射光谱（包括从紫外到远红外直至微波谱）称为分子光谱。分子光谱与分子绕轴的转动、分子中原子在平衡位置的振动和分子内电子的跃迁相对应。分子光谱是带光谱，它的波长分布范围很广，可出现在远红外区、近红外区、可见区和紫外区。

（一）紫外-可见吸收光谱法

基于物质对 200～800nm 光谱区辐射的吸收特性建立起来的分子测定方法称为紫外-可见吸收光谱或紫外-可见分光光度法。它具有如下特点：灵敏度高；准确度高，其相对误差一般为 1%～5%；仪器价格较低，操作简便、快速；应用范围广。

（二）分子发光光谱法

分子发光现象主要包括光致发光和化学发光，其中光致发光又可分为荧光和磷光。

1. 荧光

分子从第一激发单重态的最低振动能级向基态跃迁所产生的辐射称为分子荧光。

荧光分析法具有较高灵敏度。分子产生荧光必须具有合适的结构和一定的荧光量子产率。通常以荧光量子产率来描述辐射跃迁概率的大小。荧光量子产率定义为荧光物质被激发后所发射荧光的光子数与吸收的激发光的光子数之比。影响荧光量子产率的因素包括荧光物质的结构及荧光物质所处的环境。

荧光分析仪器结构的特殊性：有两个单色器，光源与检测器通常成直角。

2. 磷光

分子第一激发三重态的最低振动能级向基态跃迁所产生的辐射称为分子磷光。

磷光和荧光相比，具有两个特点：第一，磷光发射的波长要比荧光长，这是由于分子的 T1 态能量比 S1 态低；第二，磷光发射的时间比荧光长，磷光是 T1 到 S0 的跃迁，这种跃迁属于自旋禁阻的跃迁，跃迁速率较慢。

3. 化学发光

化学发光是以化学反应激发的分子发光现象。化学发光分析法的主要优点包括：

（1）灵敏度高。

（2）测定的线性范围宽。

（3）仪器设备简单。

（4）分析速度快。

化学发光不是由光、热或电能激发的分子发光现象，因此这种分析方法和荧光、磷光分析法不同，无须激发光源。

（三）红外吸收光谱法

1. 概念

红外吸收光谱法简称红外光谱法，它是依据物质对红外辐射的特征吸收建立起来的一种光谱分析方法。分子吸收红外辐射后发生振动能级和转动能级的跃迁，因而红外光谱又称为分子振动-转动光谱。

2. 红外吸收光谱产生的条件

（1）辐射应具有刚好满足振动跃迁所需的能量。

（2）只有能使偶极矩发生变化的振动形式才能吸收红外辐射。

二、原子光谱法

原子光谱产生于原子外层电子能级的跃迁。原子的核外电子在基态时，总是先充满能量较低的轨道。但是电子可以吸收一定波长的光，从而被激发跃迁到高能量的轨道，成为激发态。处于激发态的电子很不稳定，放射出一定波长的光，回到基态。原子光谱的特征是线光谱。

（一）原子吸收光谱法和原子荧光光谱法

1. 原子吸收光谱法

根据原子结构理论，当基态原子吸收了一定辐射能后，基态原子被激发跃迁到不同的较高能量的轨道，产生原子吸收光谱。该法具有检出限低、准确度高、选择性好、分析速度快等优点。

2. 原子荧光光谱法

原子荧光光谱法是介于原子发射光谱和原子吸收光谱之间的光谱分析技术。它的基本原理是基态原子吸收合适的特定频率的辐射而被激发至高能态，在激发过程中以光辐射的形式发射出特征波长的荧光。由此可以辨别元素的存在，并根据测量的荧光强度求出待测样品中元素的含量。原子荧光光谱法的优点如下：

（1）有较低的检出限，灵敏度高。特别对 Cd、Zn 等元素有相当低的检出限，现已有 20 多种元素的检出限低于原子吸收光谱法。由于原子荧光的辐射强度与激发光源成比例，采用新的高强度光源可进一步降低其检出限。

（2）干扰因素较少，谱线比较简单。采用一些装置可以制成非色散原子荧光分析仪，这种仪器结构简单、价格便宜。

（3）标准曲线线性范围宽，可达 3～5 个数量级。

（4）由于原子荧光是向空间各个方向发射的，比较容易制作多道仪器，因而能实现多元素同时测定。

（二）原子发射光谱法

原子发射光谱法是根据每种化学元素的气态原子或离子受激发后所发射的特征光谱的波长及其强度来测定物质中元素组成和含量的分析方法。

（1）优点：选择性好、灵敏度高、分析速度快，能进行多种元素同时测定。

（2）局限性：①样品的组成对分析结果的影响比较显著；②一般只用于元素分析，不能确定元素在样品中存在的化合物状态。

原子发射光谱仪通常包括 3 个部分：激发光源、分光系统、检测系统。

三、电化学分析法

根据所测量电学量的不同，电化学分析法可分为电位分析法、电解法和库仑分析法、伏安法和极谱法。

（一）电位分析法

电位分析法是用两支电极与待测溶液组成工作电池，通过测定该工作电极的电动势，设法求出待测物质含量的分析方法。电位分析法包括直接电位法和电位滴定法。直接电位法是利用专用电极将被测离子的活度转化为电极电位后加以测定，如用玻璃电极测定溶液中的氢离子活度，用氟离子选择性电极测定溶液中的氟离子活度。电位滴定法是利用指示电极电位的突跃来指示滴定终点。

（二）电解分析法和库仑分析法

1. 电解分析法

电解分析法是比较经典的电化学分析方法。电解分析法包括以下两个方面的内容：

（1）应用外加直流电源电解试液，电解后直接称量在电极上析出被测物质的质量，然后计算其含量的分析方法，称为电质量法。

（2）将电解分析法用于物质的分离，称为电解分离法。电解分离法包括控制电流电解法、控制电位电解法、汞阴极电解法。

2. 库仑分析法

库仑分析法是以测量电解过程中被测物质在电极上发生电化学反应时所消耗的电荷量来求得其含量的分析方法。

库仑分析法包括控制电位库仑分析法和库仑滴定法。

（三）伏安法和极谱法

伏安法是一种较为普通的测量电阻的方法，通过利用 $R=U/I$ 来测出电阻值。因为是用电压除以电流，所以称为伏安法。

极谱法是通过测定电解过程中所得到的极化电极的电流–电位曲线来确定溶液中被测物质浓度的一类电化学分析方法。

两种方法的特点是工作电极面积极小，分析物质的浓度也较小，浓差极化的现象比较明显。

（四）电化学分析法的特点

（1）灵敏度较高。最低分析检出限可达 10～12mol·L^{-1}，适用于痕量甚至超痕量组分的分析。

（2）准确度高。例如库仑分析法和电解分析法的准确度很高，前者特别适用于微量成分的测定，后者适用于高含量成分的测定。

（3）测量范围宽。电位分析法及微库仑分析法等可用于微量组分的测定；电解分析法、库仑分析法则可用于中等含量组分及纯物质的分析。

（4）仪器设备较简单，价格低廉，仪器的调试和操作都较简单，容易实现自动化。

（5）选择性差。电化学分析法的选择性一般较差，但极谱法等选择性较高。

四、色谱分离方法

（一）气相色谱法

气相色谱法是一种对易于挥发而不发生分解的化合物进行分离与分析的色谱技术。气相色谱法的典型用途包括测试某一特定化合物的纯度以及对混合物中的各组分进行分离。在某些情况下，气相色谱还可能对化合物的表征有所帮助。

1. 分离原理

利用试样中各组分在气相（流动相）和液相（固定相）间的分配系数不同，当汽化后的试样被载气带入色谱柱中运行时，组分就在其中的两相间进行反复多次分配。由于固定相对各组分的吸附或溶解能力不同，因此各组分在色谱柱中的运行速度就不同，经过一定的柱长后，便彼此分离，按顺序离开色谱柱进入检测器，产生的离子流信号经放大后，在记录器上呈现出各组分的色谱峰。

2. 气相色谱装置的组成部分

（1）载气系统：包括气源、气体净化装置、气体流速控制和测量装置。

（2）进样系统：包括进样器、汽化室（将液体样品瞬间汽化为蒸气）。

（3）色谱柱和柱温控制系统：包括填充柱或毛细管柱恒温控制装置（将多组分样品分离为单组分）。

（4）检测系统：包括检测器、控温装置。

（5）记录系统：包括放大器、记录仪或数据处理装置、工作站。

3. 气相色谱法的特点

（1）高灵敏度：可检出 10^{-10}g 的物质，可作超纯气体、高分子单体的痕量杂质分析和空气中微量毒物的分析。

（2）高选择性：可有效地分离性质极为相近的各种同分异构体和各种同位素。

（3）高效能：可把组分复杂的样品分离成单组分。

（4）速度快：一般分析只需几分钟即可完成，有利于指导和控制生产。

（5）应用范围广：既可分析低含量的气、液体，又可分析高含量的气、液体，可不受组分含量的限制。

（6）所需试样量少：一般气体样用几毫升，液体样用几微升或几十微升。

（7）设备和操作比较简单，仪器价格较低。

（二）高效液相色谱法

1. 分离原理

高效液相色谱法采用液体作为流动相，利用物质在固定相和流动相两相中吸收或分配系数的微小差异达到分离的目的。当两相做相对移动时，被测物质在两相之间进行反复多次的分配，这样原来微小的性质差异被放大，使各组分分离。液相色谱的种类不同，其原理也不相同，但是其大致过程不外乎根据不同化学物质的性质不同，把这些物质用色谱柱的方式分离，再进行定性定量分析的过程。表 1-5 主要为液相色谱的类型及其分离原理和应用。

表 1-5　液相色谱的类型及其分离原理和应用

类型	主要分离机理	主要分析对象或应用领域
吸附色谱	吸附能，氢键	异构体分离、族分离和制备
分配色谱	疏水分配作用	各种有机化合物的分离、分析与制备
凝胶色谱	溶质分子大小	高分子分离，相对分子质量及其分布的测定
离子交换色谱	库仑力	无机离子、有机离子分析
离子排斥色谱	Donnan 膜平衡	有机酸、氨基酸、醇、醛分析
离子对色谱	疏水分配作用	离子性物质分析
疏水作用色谱	疏水分配作用	蛋白质分离与纯化
手性色谱	立体效应	手性异构体分离，药物纯化
亲和色谱	生化特异亲和力	蛋白、酶、抗体分离，生物和医药分析

2. 液相色谱装置的组成部分

液相色谱装置示意图如图 1-12 所示。

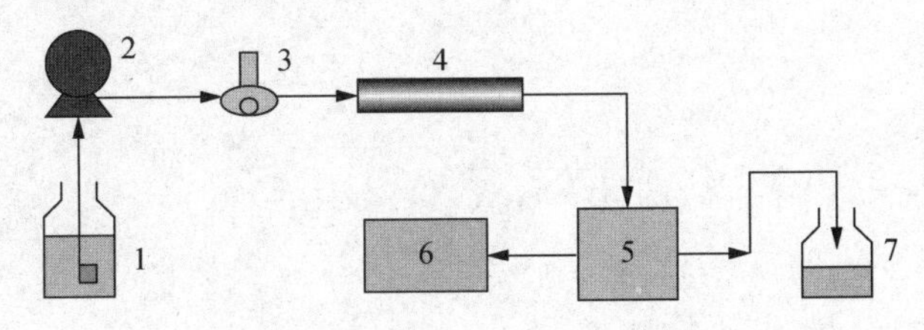

图 1-12　液相色谱装置示意图

1—储液罐；2—输液泵；3—进样器；4—色谱柱；5—检测器；6—工作站；7—废液灌

3. 高效液相色谱法的特点

（1）高压：流动相为液体，液体流经色谱柱时，受到的阻力较大，为了能迅速通过色谱柱，必须对载液加高压。

（2）高速：分析速度快、载液流速快，较经典液体色谱法速度更快，通常分析一个样品只需 15～30 min，有些样品甚至在 5 min 内即可完成分析，一般不超过 1h。

（3）高效：分离效能高。可选择固定相和流动相以达到最佳分离效果，比工业精馏塔和气相色谱的分离效能高出许多倍。

（4）高灵敏度：紫外检测器灵敏度可达 0.01ng，进样量在 μL 数量级。

（5）应用范围广：70%以上的有机化合物可用高效液相色谱法分析，特别是在高沸点、大分子、强极性、热稳定性差的化合物的分离分析方面，显示出优势。

（6）柱子可反复使用：用一根柱子可分离不同化合物。

（7）样品量少、容易回收：样品经过色谱柱后不被破坏，可以收集单一组分或用于制备。

高效液相色谱的缺点是有“柱外效应”。在从进样到检测器之间，除了柱子以外的任何死空间（进样器、柱接头、连接管和检测池等）中，如果流动相的流型有变化，被分离物质的任何扩散和滞留都会显著地导致色谱峰的加宽，使柱效率降低。高效液相色谱检测器的灵敏度不及气相色谱。高效液相色谱法与气相色谱法各有所长，相互补充。

第2章

仪器分析基础实验

实验1　高锰酸钾吸收曲线的绘制

一、实验目的

（1）熟悉722型或721型分光光度计的使用方法。

（2）熟悉吸收曲线的绘制方法，能从吸收曲线中选择最大吸收波长。

二、实验原理

选择合适的波长间隔，绘制高锰酸钾的吸收曲线并找出最大吸收波长。

三、仪器和试剂

容量瓶、移液管、分光光度计、高锰酸钾。

四、实验步骤

1. 标准溶液的准备

准确称取基准物高锰酸钾40.2500g，将其在小烧杯中溶解后全部转入1000mL容量瓶中，用蒸馏水稀释到刻度，摇匀，每毫升含0.25mg高锰酸钾。

2. 比色法测定（用721型或722型分光光度计）

吸收曲线的绘制：精确吸取上述高锰酸钾标准溶液10mL于50mL容量瓶中，加蒸馏水至标线，摇匀，以蒸馏水为空白，依次选择440nm、450nm、460nm、470nm、480nm、490nm、500nm、510nm、520nm、525nm、530nm、535nm、540nm、545nm、550nm、560nm、580nm、600nm、620nm、640nm、660nm、680nm、700nm波长为测定点，测出各点的吸光度A。

以测定波长为横坐标，以相应测出的吸光度A_i为纵坐标，绘制吸收曲线，从吸收曲线处找出最大吸收波长。

五、思考题

（1）怎样选择测定波长？

（2）简述比色法测定的注意事项。

实验 2 用邻二氮菲分光光度法测定铁的含量

一、实验目的

（1）掌握邻二氮菲分光光度法测定铁的原理。

（2）了解分光光度计的构造、性能及使用方法。

二、实验原理

邻二氮菲（又称邻菲罗啉）是测定微量铁的较好显色试剂。在 pH 为 2～9 的条件下，二价铁离子与该试剂生成极稳定的橙红色配合物。配合物的 $\lg K_{稳}=21.3$，摩尔吸光系数达 1.1×10^4。在显色前，用盐酸羟胺把三价铁离子还原为二价铁离子。

$$2Fe^{3+}+2NH_2OH\cdot HCl = 2Fe^{2+}+N_2+4H^++2H_2O+2Cl^-$$

测定时，控制溶液 pH 为 3 较为适宜。酸度高时，反应进行较慢；酸度太低，则二价铁离子水解，影响显色。

用邻二氮菲测定时，有很多元素会干扰测定，需预先对其进行掩蔽或分离。例如，钴、镍、铜、铅与试剂形成有色配合物，钨、铂、镉、汞与试剂生成沉淀，还有些金属离子如锡离子、铅离子、铋离子则在邻二氮菲铁配合物形成的 pH 范围内发生水解，因此当这些离子共存时，应注意消除它们的干扰作用。

三、仪器和试剂

1. 试剂

$1mol\cdot L^{-1}$ 乙酸钠、$0.4mol\cdot L^{-1}$ 氢氧化钠、$2mol\cdot L^{-1}$ 盐酸、10%盐酸羟胺（临时配制）。

邻二氮菲（0.1%）：0.lg 邻二氮菲溶解在 100mL 1∶1 乙醇溶液中。

$10^{-4}mol\cdot L^{-1}$ 铁标准溶液：准确称取 0.1961g $(NH_4)_2Fe(SO_4)_2\cdot 6H_2O$ 于烧杯中，用 15mL $2mol\cdot L^{-1}$ 盐酸溶解，移至 500mL 容量瓶中，用水稀释至刻度，摇匀；再准确稀释 10 倍成为 $10^{-4}mol\cdot L^{-1}$ 铁标准溶液。

$10\mu g\cdot mL^{-1}$（即 $0.01mg\cdot mL^{-1}$）铁标准溶液：准确称取 0.3511g $(NH_4)_2Fe(SO_4)_2\cdot 6H_2O$ 于烧杯中，用 15mL $2mol\cdot L^{-1}$ 盐酸溶解，移入 500mL 容量瓶中，以水稀释至刻度，摇匀；再准确稀释 10 倍成为 $10\mu g\cdot mL^{-1}$ 铁标准溶液。如以硫酸铁铵 $NH_4Fe(SO_4)_2\cdot 12H_2O$ 配制铁标准溶液，则需标定。

2. 仪器

分光光度计及 1cm 比色皿。

四、实验步骤

1. 吸收曲线的绘制

用吸量管准确吸取 $10^{-4}mol\cdot L^{-1}$ 铁标准溶液 10mL，置于 50mL 容量瓶中，加入 10%盐酸羟胺溶液 1mL，摇匀后加入 $1mol\cdot L^{-1}$ 乙酸钠溶液 5mL 和 0.1%邻二氮菲溶液 3mL，以水稀释至刻度，摇匀。在分光光度计上，用 1cm 比色皿，以水为参比溶液，用不同波长，从 430nm 到 570nm，每隔 20nm 测定一次吸光度，在最大吸收波长处附近多测定几次。然后以波长为横坐标，吸光度为纵坐标绘制吸收曲线，从吸收曲线上确定测定铁的适宜波长（即最大吸收波长）。

2. 测定条件的选择

1）邻二氮菲与铁的配合物的稳定性

在最大吸收波长 510nm 处，在上述溶液中加入显色剂后立即测定一次吸光度，在 15min、30min、45min、60min 后，各测定一次吸光度。以时间（t）为横坐标，吸光度（A）为纵坐标，绘制 A-t 曲线，由曲线判断配合物的稳定性。

2）显色剂浓度的影响

取 25mL 容量瓶 7 个，用吸量管准确吸取 10^{-4}mol·L^{-1} 铁标准溶液 5mL 于各容量瓶中，加入 10%盐酸羟胺溶液 1mL，摇匀，再加入 1mol·L^{-1} 乙酸钠 5mL，然后分别加入 0.1%邻二氮菲溶液 0.3mL、0.6mL、1.0mL、1.5mL、2.0mL、3.0mL 和 4.0mL，用水稀释至刻度，摇匀。在分光光度计上，用适宜波长（510nm），采用 1cm 比色皿，用水为参比溶液，测定加入不同用量显色剂后溶液的吸光度。然后以邻二氮菲试剂加入毫升数为横坐标，吸光度为纵坐标，绘制 A-V 曲线，由曲线确定显色剂最佳加入量。

3）溶液酸度对配合物的影响

准确吸取 10^{-4}mol·L^{-1} 铁标准溶液 10mL，置于 100mL 容量瓶中，加入 2mol·L^{-1} 盐酸 5mL 和 10%盐酸羟胺溶液 10mL，摇匀经 2min 后，再加入 0.1%邻二氮菲溶液 30mL，用水稀释至刻度，摇匀后备用。取 25mL 容量瓶 7 个，用吸量管分别准确吸取上述溶液 10mL 于各容量瓶中，然后依次用吸量管准确吸取并加入 0.4mol·L^{-1} 氢氧化钠溶液 1.0mL、2.0mL、3.0mL、4.0mL、6.0mL、8.0mL 及 10.0mL，用水稀释至刻度，摇匀，使各溶液的 pH 从小于等于 2 开始逐步增加至 12 以上，测定各溶液的 pH。先用 pH 为 1～14 的广泛试纸确定其粗略 pH，然后进一步用精密 pH 试纸确定其较准确的 pH（如能采用 pH 计测量溶液的 pH，则误差较小）。同时在分光光度计上，用适当的波长（510nm），采用 1cm 比色皿，以水为参比溶液测定各溶液的吸光度。最后以 pH 为横坐标，吸光度为纵坐标，绘制 A-pH 曲线，由曲线确定最适宜的 pH 范围。

根据实验结果，讨论并找出邻二氮菲分光光度法测定铁的条件。

3. 铁含量的测定

1）标准曲线的绘制

取 25mL 容量瓶 6 个，分别准确吸取 10μg·mL^{-1} 铁标准溶液 0.0mL、1.0mL、2.0mL、3.0mL、4.0mL 和 5.0mL 于各容量瓶中，各加 10%盐酸羟胺溶液 1mL，摇匀，经 2min 后再各加 1mol·L^{-1} 乙酸钠溶液 5mL 和 0.1%邻二氮菲溶液 3mL，用水稀释至刻度，摇匀。在分光光度计上用 1cm 比色皿，在最大吸收波长（510nm）处以水为参比溶液测定各溶液的吸光度，以总铁含量为横坐标，吸光度为纵坐标，绘制标准曲线。

2）未知液测定

吸取未知液 5mL，按上述条件和步骤测定其吸光度。根据未知液的吸光度，在标准曲线上查出未知液相对应的铁含量，然后计算试样中微量铁的含量，以每升未知液中含铁多少克表示（g·L^{-1}）。

五、数据记录与处理

（1）记录分光光度计的型号和比色皿厚度，绘制吸收曲线和标准曲线。

（2）计算未知液中铁的含量，以每升未知液中含铁多少克表示（$g \cdot L^{-1}$）。

六、思考题

（1）本实验中加入盐酸羟胺、乙酸钠的作用各是什么？

（2）本实验为什么要选择酸度、显色剂浓度和有色溶液的稳定性作为条件实验的项目？

实验 3　水中氨氮的比色分析

一、实验目的

（1）了解水中氨氮测定的意义。

（2）掌握水中氨氮的测定方法和原理。

二、实验原理

碘化汞和碘化钾的碱性溶液与氨反应生成淡黄棕色胶态化合物，其色度与氨氮含量成正比，通常可在波长 410～425nm 范围内测定其吸光度，计算其含量。本法最低检出浓度为 $0.025mg \cdot L^{-1}$（光度法），测定上限为 $2mg \cdot L^{-1}$。

三、仪器和试剂

1. 仪器

500mL 全玻璃蒸馏器、50mL 具塞比色管、分光光度计、pH 计。

2. 试剂

配制试剂用水均应为无氨水。

（1）无氨水：可用一般纯水通过强酸性阳离子交换树脂或加硫酸和高锰酸钾后，重蒸馏得到。

（2）$1mg \cdot L^{-1}$ 氢氧化钠溶液。

（3）吸收液。①硼酸溶液：称取 20g 硼酸溶于水中，稀释至 1L。②$0.01mg \cdot L^{-1}$ 硫酸溶液。

（4）纳氏试剂：称取 16g 氢氧化钠，溶于 50mL 水中，充分冷却至室温。另称取 7g 碘化钾和碘化汞（HgI_2）溶于水，然后将此溶液在搅拌下缓缓注入氢氧化钠溶液中。用水稀释至 100mL，储于聚乙烯瓶中，密塞保存。

（5）酒石酸钾钠溶液：称取 5.0g 酒石酸钾钠（$KNaC_4H_4O_6 \cdot 4H_2O$）溶于 100mL 水中，加热煮沸以除去氨，放冷，定容至 100mL。

（6）铵标准储备液：称取 3.819g 经 100℃干燥过的氯化铵（NH_4Cl）溶于水中，移入 100mL 容量瓶中，稀释至标线。此溶液每毫升含 1.00mg 氨氮。

（7）铵标准使用液：移取 5.00mL 铵标准储备液于 50.0mL 容量瓶中，用水稀释至标线。

该溶液每毫升含 0.010mg 氨氮。

四、实验步骤

（1）水样预处理。无色澄清的水样可直接测定；色度、浑浊度较高和含干扰物质较多的水样，需经过蒸馏或混凝沉淀等预处理步骤。

（2）标准曲线的绘制。吸取 0mL、0.50mL、1.00mL、3.00mL、5.00mL、7.00mL 和 10.00mL 铵标准使用液于 50mL 比色管中，加水至标线，加 1.0mL 酒石酸钾钠溶液，混匀。加 1.5mL 纳氏试剂，混匀。放置 10min 后，在波长 420nm 处，用光程 10mm 比色皿，以水为参比溶液，测定吸光度。由测得的吸光度减去零浓度空白管的吸光度后，得到校正吸光度，以氨氮含量（mg）为横坐标，校正吸光度为纵坐标，绘制标准曲线。

（3）水样的测定。取适量的水样（使氨氮含量不超过 0.1mg），加入 50mL 比色管中，稀释至标线，加 1.0mL 酒石酸钾钠溶液，混匀，加 1.5mL 纳氏试剂，混匀，放置 10min。

（4）空白试验。以无氨水代替水样，作全程序空白测定。

五、数据处理

1. 计算

由水样测得的吸光度减去空白试验的吸光度后，从标准曲线上查得氨氮含量（mg）。

$$\text{氨氮含量}(\mathrm{N},\ \mathrm{mg \cdot L^{-1}}) = m \times 1000 / V$$

式中：m——由标准曲线查得样品管的氨氮含量（mg）；

V——水样体积（mL）。

2. 注意事项

（1）纳氏试剂中碘化汞与碘化钾的比例对显色反应的灵敏度有较大影响，静置后生成的沉淀应除去。

（2）滤纸中常含痕量铵盐，使用时注意用无氨水洗涤。所用玻璃器皿应避免被实验室空气中的氨沾污。

六、思考题

（1）简述水中氨氮比色测定的原理。

（2）水样中若有不溶态悬浮物存在，对测定有无影响？

实验 4　紫外差值光谱法测定废水中的微量酚

一、实验目的

（1）了解紫外-可见分光光度计的使用方法。

（2）掌握紫外差值光谱法测定微量酚的基本原理。

二、实验原理

苯酚在紫外区有两个吸收峰，在中性溶液中λ_{max}为210nm和270nm，在碱性溶液中，由于形成酚盐，该吸收峰红移至235nm和288nm。差值光谱是指这两种吸收光谱相减而得到的光谱曲线。实验中只要把苯酚的碱性溶液放在样品光路上，把苯酚的中性溶液放在参比光路上，即可直接绘制出差值光谱。

在苯酚的差值光谱图上，选择288nm为测定波长，在该波长下，溶液的吸光度随苯酚浓度的变化呈现良好的线性关系，遵循比尔定律，即$\Delta A=\Delta \varepsilon cL$（其中$\Delta A$为吸光度差值；$\Delta \varepsilon$为碱性与中性溶液中苯酚的摩尔吸光系差值；$c$为苯酚的浓度；$L$为吸收光程），可用于苯酚的定量分析。差值光谱法用于定量分析，可消除试样中某些杂质的干扰，简化分析过程，实现废水中微量酚的直接测定。

三、仪器和试剂

1. 试剂

$0.1 mol \cdot L^{-1}$ KOH溶液、$0.25 g \cdot L^{-1}$苯酚标准溶液。

2. 仪器

UV-8000紫外-可见分光光度计，1cm厚石英比色皿2个、25mL容量瓶12个。

四、实验步骤

（1）确定测定波长：以蒸馏水作参比溶液，分别绘制苯酚在中性溶液和碱性溶液中的吸收曲线。然后，将苯酚的中性溶液和碱性溶液分别放置在参比光路和样品光路中，绘制二者的差值光谱曲线，根据该差值光谱曲线，确定测定波长。

（2）绘制标准曲线：用移液管分别移取苯酚标准溶液1.0mL、1.5mL、2.0mL、2.5mL、3.0mL于5个25mL容量瓶中，另取同样体积的苯酚标准溶液于另5个25mL容量瓶中，分别用水和$0.1 mol \cdot L^{-1}$ KOH溶液稀释至刻度（共需10个25mL容量瓶）。每对容量瓶所对应的溶液浓度分别是$10 mg \cdot L^{-1}$、$15 mg \cdot L^{-1}$、$20 mg \cdot L^{-1}$、$25 mg \cdot L^{-1}$、$30 mg \cdot L^{-1}$。每一对苯酚标准溶液中的苯酚浓度相同，只是稀释溶剂不同。在测定波长下，把碱性溶液稀释的标准溶液放在样品光路上，把中性溶液稀释的标准溶液放在参比光路上，测定吸光度差值。

（3）测定未知样品中苯酚的含量：用移液管分别移取含酚水样10mL于2个25mL容量瓶中，分别用水和$0.1 mol \cdot L^{-1}$ KOH稀释至刻度。在测定波长下，把碱性溶液稀释的待测试样放在样品光路上，把中性溶液稀释的待测试样放在参比光路上，测定吸光度差值。

五、数据处理

（1）用实验步骤（2）中测得的吸光度差值，绘制吸光度-浓度曲线，计算回归方程。

（2）用吸光度-浓度曲线或回归方程，计算水样中苯酚的含量（$mg \cdot L^{-1}$）。

六、思考题

（1）苯酚的差值光谱中有235nm和288nm两个吸收峰，为何选288nm作为测定波长？

（2）本实验所用的差值光谱法和示差分光光度法有何不同？

实验 5　荧光分光光度法测定荧光素含量

一、实验目的

（1）了解荧光分析方法的原理。

（2）学会使用荧光分光光度计。

二、实验原理

荧光是光致发光。当物质的分子吸收光以后，从基态跃迁到激发态，处于激发态的分子通过无辐射去活（释放能量），回到第一电子激发态的最低振动能级，再以发射辐射的形式去活，跃迁回基态的各个振动能级则发出荧光。

具有苯环或多个共轭双键体系以及具有刚性平面结构的有机物分子易产生荧光。大多数无机盐中金属离子不产生荧光，而一些金属螯合物能产生很强的荧光。

取代基的性质、溶剂的极性、体系的 pH 和温度都会影响荧光体的荧光特性或荧光强度。

1. 荧光光谱定量分析原理

溶液的荧光强度 F 与该溶液对光吸收的程度、溶液中荧光物质的荧光效率及浓度有关：

$$F=2.303\Phi I_0 b\varepsilon c$$

式中：Φ——荧光效率，为发射的光子数与吸收的光子数之比；

I_0——激发光强度；

ε——摩尔吸光系数；

b——光程长度；

c——荧光物质浓度。

当入射光强度一定时，

$$F=Kc$$

只有在 c 较小时上式才适用，即在低浓度时，荧光强度 F 与溶液荧光物质的浓度 c 成正比。

2. 荧光分析仪光路

荧光分析仪由光源、单色器、液池和检测器等几部分组成。荧光分析仪的光路图如图 2-1 所示。

3. 激发光谱

固定荧光最大发射波长，改变激发光波长，测得荧光强度与激发光波长的关系即为激发光谱曲线，由激发光谱曲线可选出最大激发波长。

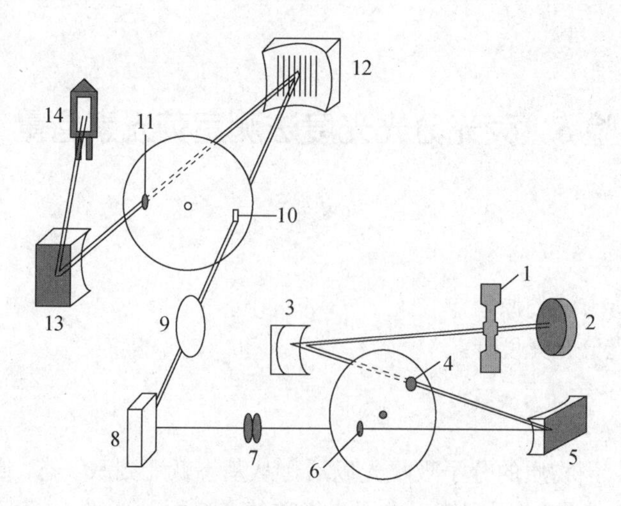

图 2-1　荧光分析仪的光路图

1—氙灯；2—凸面镜；3，13—凹面镜；4，10—入射狭缝；5—激发凹面光栅；6，11—出射狭缝；7—双透镜；8—样品池；9—透镜；12—发射凹面光栅；14—光电倍增管

4. 荧光光谱

固定荧光最大激发波长，测定不同发射波长时的荧光强度，即得到荧光光谱曲线。由荧光光谱曲线可选出最大发射波长。

激发光谱与荧光光谱有镜像关系。

荧光素产生荧光量子的效率较高（约 0.85），低浓度时产生强的荧光，在 pH 为 5～10 范围内 pH 与荧光有关，用 $0.1mol \cdot L^{-1}$ NaOH 溶液可保证恒定的发光效率。

三、仪器和试剂

荧光分光光度计（F96Pro）、容量瓶（50mL）、移液管（5mL）、荧光素、NaOH。

四、实验步骤

1. 标准溶液的配制

荧光素标准溶液 I（$1\times10^{-3}mol \cdot L^{-1}$）：称 0.0166g 荧光素于小烧杯中，加少量水溶解，转移到 50mL 容量瓶中；加 $1mol \cdot L^{-1}$ NaOH 5mL，用水稀释至刻度。

荧光素标准溶液 II：取 1mL 荧光素标准溶液 I 于 100mL 容量瓶中，加 $1mol \cdot L^{-1}$ NaOH 10mL，用水稀释至刻度，配制成荧光素浓度为 $1\times10^{-5}mol \cdot L^{-1}$ 的 $0.1mol \cdot L^{-1}$ NaOH 溶液。

2. 扫描荧光发射光谱

取荧光素标准溶液 II 2mL 于 50mL 容量瓶中，加 5mL $1mol \cdot L^{-1}$ NaOH 溶液，用水稀释至刻度。将该溶液装入样品池中，在 F96Pro 荧光分光光度计上扫描荧光发射光谱，并找出荧光发射波长。

3. 荧光素的定量分析

1）绘制工作曲线

取荧光素标准溶液 II 1.0mL、2.0mL、3.0mL、4.0mL、6.0mL 分别于 5 个 50mL 容量瓶中，

加 5mL 1mol·L^{-1} NaOH，用水稀释至刻度，在 F96Pro 荧光分光光度计上分别测量其荧光强度，由实验数据可绘制标准曲线。

2）测定未知样品

在与绘制工作曲线相同的条件下测定未知样品的荧光强度。

五、数据处理

（1）绘制标准曲线。以荧光强度为纵坐标，溶液浓度为横坐标，绘制标准曲线。

（2）求出未知样品浓度。由未知样品的荧光强度在工作曲线上求出未知样品浓度。

六、思考题

（1）为什么要在与激发辐射方向相垂直的方向进行荧光强度的测量？

（2）叙述如何绘制荧光发射光谱。

实验 6　荧光分光光度法测定维生素 B_2

一、实验目的

（1）了解 F96Pro 荧光分光光度计的性能及操作。

（2）掌握荧光分析法的基本原理。

（3）学习荧光分析法测定维生素 B_2 含量的方法。

二、实验原理

维生素 B_2 是一种具有强烈荧光特性的化合物。其水溶液在 pH 为 6～7 时荧光最强，其最大激发波长为 λ_{ex}=465nm，最大发射波长为 λ_{em}=520nm。在低浓度，λ_{ex}=465nm 时，在 520nm 处测得的荧光强度与维生素 B_2 的含量成正比。

$$F=Kc$$

式中：F——荧光强度；

K——常数；

c——维生素 B_2 的浓度。

采用校正曲线法可测定复合维生素片剂中维生素 B_2 的含量。

当 pH 在 11 以上时，荧光淬灭。

三、仪器和试剂

1. 仪器

F96Pro 荧光分光光度计、容量瓶、移液管。

2. 试剂

1% HAc 溶液、维生素 B_2、复合维生素片剂。

四、实验步骤

1. 维生素 B_2 标准溶液的配制

称取 10.0mg 维生素 B_2，先溶解于少量 1% HAc 溶液中，然后转移至 1000mL 容量瓶中，用 1% HAc 溶液稀释至刻度，摇匀，即配制成 10.0μg·mL^{-1} 的维生素 B_2 标准溶液。将配制好的溶液保存在棕色容量瓶中，置阴凉暗处。

2. 标准系列溶液的配制

取 5 个 50mL 容量瓶，分别加入 1.00mL、2.00mL、3.00mL、4.00mL 及 5.00mL 维生素 B_2 标准溶液，用水稀释至刻度，摇匀，待测。

3. 未知样品溶液的配制

取复合维生素片剂适量，置于 100mL 小烧杯中，以 1% HAc 溶液溶解，转移至 50mL 容量瓶中，用水稀释至刻度，待测。

4. 未知样品的测定

将标准系列溶液及未知样品溶液分别置于 F96Pro 荧光分光光度计上，选择合适的激发波长和测定波长，测定其荧光强度。由实验数据绘制工作曲线，由未知样品的荧光强度在工作曲线上查出未知样品中维生素 B_2 的含量。

五、数据处理

（1）由荧光光谱图上查出不同浓度维生素 B_2 标准溶液对应的荧光强度，绘制工作曲线。

（2）在荧光光谱图上查出未知样品的荧光强度，在工作曲线上查出对应浓度，进行换算后求出复合维生素片剂中维生素 B_2 的含量。

注意事项

（1）维生素 B_2 的水溶液较稳定，但在强光作用下极不稳定，分解速度随温度的升高和 pH 的升高而加速，维生素 B_2 在强酸或强碱溶液中分解，荧光消失。

（2）在测量前，应仔细阅读仪器使用说明书，选择适宜的测量条件。在测定过程中，不可中途改变设置好的测定条件，如改变测定条件，则应全部重做。

（3）复合维生素片剂产地不同，维生素 B_2 含量不同，因此配制样品溶液时应使其荧光强度位于标准曲线的中段。

六、思考题

（1）结合荧光产生的机理，说明为什么荧光物质的最大发射波长总是大于最大激发波长。

（2）为什么测量时荧光的方向必须和激发光的方向垂直？
（3）根据维生素 B_2 的结构特点，进一步说明能发生荧光的物质应具有的分子结构。

实验 7　荧光光谱法测定铝离子

一、实验目的

（1）掌握荧光光谱法测定铝离子的基本原理和方法。
（2）熟悉荧光光谱测定、溶剂萃取等基本操作。

二、实验原理

铝离子本身无荧光，无法采取荧光光谱法进行测定，但是它可与 8-羟基喹啉形成可发射荧光的配合物。该配合物为脂溶性物质，可被氯仿有效地从水相中萃取出来。萃取液以荧光法进行测定，最大激发波长和最大发射波长分别为 390nm 和 510nm，依此可建立测定铝离子的荧光光谱法。

三、仪器和试剂

1. 仪器

F-7000 荧光光谱仪、石英比色皿、分液漏斗（125mL）、长颈漏斗、移液管和容量瓶若干。

2. 试剂

（1）$2.0\mu g \cdot mL^{-1}$ 铝离子储备液：溶解 1.760g 硫酸铝钾[$Al_2(SO_4)_3 \cdot K_2SO_4 \cdot 24H_2O$]于 20mL 水中，滴加 1∶1 硫酸至溶液澄清，移至 100mL 容量瓶中，用蒸馏水稀释至刻度并摇匀。准确移取所得溶液 2.0mL 至 1000mL 容量瓶中，用蒸馏水稀释至刻度并摇匀。
（2）8-羟基喹啉溶液（2%）：用 6mL 冰醋酸溶解 2g 8-羟基喹啉，并用水稀释至 100mL。
（3）缓冲溶液：每升缓冲溶液含乙酸铵 200g 及浓氨水 70mL。
（4）氯仿（AR）。

四、实验步骤

1. 系列标准溶液的配制

取 6 个 50mL 容量瓶，分别加入 0mL、10.0mL、20.0mL、30.0mL、40.0mL 和 50.0mL 铝离子储备液，用水稀释至刻度，摇匀。

2. 荧光配合物的生成与萃取

取 6 个 125mL 分液漏斗（如有漏液现象，依下述方法配制甘油淀粉糊涂抹活塞：可溶性淀粉 9g，加甘油 22g，混匀，加热至 140℃保持 30min，并不断搅拌至透明，放冷），先各加入水45mL，再分别加入以上标准溶液各5.0mL。沿壁向每个漏斗加入8-羟基喹啉溶液和缓冲溶液各2mL，摇匀，反应5min后，以氯仿萃取2次，每次10mL。有机相通过干燥脱脂棉滤入50mL容量瓶中，并以少量氯仿洗涤脱脂棉，洗液并入容量瓶中，以氯仿稀释至刻度并摇匀。

3. 激发光谱和发射光谱的绘制

设定激发狭缝和发射狭缝宽度为5mm，设定激发波长为390nm，在450～600nm波长范围内扫描发射光谱；设定发射波长为510nm，在330～460nm波长范围内扫描激发光谱。在激发光谱和发射光谱上分别找出最大激发波长和最大发射波长。

4. 标准溶液荧光的测量

以最大激发波长的光激发试样，对各标准溶液在450～600nm波长范围内扫描荧光光谱，记录其在最大发射波长处的荧光强度。每个浓度的溶液重复扫描3次，取其平均值。

5. 未知试样的测定

取未知试样溶液，按第2步处理后，依照第4步条件测定其荧光强度。

五、数据处理

（1）以标准溶液的浓度为横坐标，荧光强度为纵坐标，进行线性回归，拟合回归方程。
（2）根据未知试样的荧光强度，利用回归方程计算其浓度。

六、思考题

（1）氯仿萃取液为何要用干燥脱脂棉过滤？
（2）分液漏斗旋塞处是否可用凡士林处理？为什么？

实验8　血催化鲁米诺化学发光与荧光染料的能量转移实验

一、实验目的

（1）熟悉鲁米诺化学发光的原理。
（2）了解化学发光与荧光染料的能量转移原理。

二、实验原理

化学反应大多以热的形式释放能量，也有一些化学反应以光的形式释放能量。鲁米诺在碱性条件下与氧化剂的作用就是一个化学发光的典型例子。

一般认为，鲁米诺在碱性溶液中转化为负离子，后者在适当的催化剂和氧化剂作用下可生成激发态的鲁米诺中间体。当激发态返回基态时，就会产生耀眼的蓝光。

在通常情况下，鲁米诺与过氧化氢发生的化学发光反应相当缓慢，但当有某些催化剂存在时，反应非常迅速，发光强度显著增强。常用的氧化剂有过氧化氢、过硫酸钾和次氯酸钠等，常用的催化剂有金属离子、金属配合物、血红蛋白和辣根过氧化物酶等。微量血痕也可使鲁米诺发出明亮的光。早在 1937 年，德国刑侦学家就发现血液能使鲁米诺发光，此后鲁米诺逐步用于搜索血痕和显现潜血指纹。

利用血痕的高效催化作用，还可观察到鲁米诺化学发光的能量转移作用。激发态鲁米诺中间体也可将能量传递至激发能量较低的荧光染料分子，受激发的荧光染料分子再通过发出荧光释放能量恢复至基态。不同荧光染料分子激发态能量的差异使其发出不同颜色的荧光。

三、实验步骤

1. 血痕催化鲁米诺发光实验

1）试剂的配制

血样的制备：取 1 份 38%枸橼酸钠溶液与 9 份动物血液（健康人血或鸡、鸭等其他动物血均可）混合可制得新鲜血液。再取 10mL 新鲜血液用蒸馏水稀释至 100mL，即为实验用血样。

A 液：取 0.01g 鲁米诺溶于 100mL 1.0%碳酸钠溶液，另加 0.01g 对碘酚作为稳定剂。

B 液：取 0.5mL 30%过氧化氢用蒸馏水稀释至 100mL，用 5% H_3PO_4 调 pH 至 3.0。

2）实验过程与现象

实验需在暗室或晚上进行。在 15mL 试管中加入 A、B 液各 5mL，混匀后沿管壁加入 1.0mL 血样，即可观察到持续耀眼的蓝光。影响血痕致鲁米诺化学发光的因素较多，如碱过强（如氢氧化钠）、碱浓度过大和过氧化氢浓度过大，将使发光时间非常短暂。血样加入后，不宜过度振摇，否则也会使发光的持续时间缩短。在以上优化的反应条件下，可以使发光持续 5～10min，以方便进行拍照记录。

2. 鲁米诺发光与荧光素的能量转移实验

1）试剂的配制

血样、A 液和 B 液的配制方法同上。

C 液：取 0.01g 荧光素溶于 100mL 1.0%碳酸钠溶液。

2）实验过程与现象

取 2 支 15mL 试管，其中一支加入 A、B 液各 5mL，混匀后沿管壁加入 1.0mL 血样，用于对照。在另一支试管中按以上方法加入 A、B 液和 1.0mL C 液，混匀后沿管壁加入 1.0mL 血样，即可观察到亮绿色光。鲁米诺发出的蓝光将能量转移到荧光素，激发荧光素发光。C 液中荧光素浓度过大也会使发光强度降低以及持续时间缩短。

3. 鲁米诺发光与曙红 Y 的能量转移实验

1）试剂的配制

血样、A 液和 B 液的配制方法同上。

D 液：取 0.01g 曙红 Y 溶于 100mL 1.0%碳酸钠溶液。

2）实验过程与现象

取 2 支 15mL 试管，其中一支加入 A、B 液各 5mL，混匀后沿管壁加入 1.0mL 血样，用于对照。在另一支试管中按以上方法加入 A、B 液和血样，混匀后沿管壁加入 1.0mL D 液，即可观察到蓝色光逐步转变为亮黄色光。鲁米诺发出的蓝光将能量转移到曙红 Y，激发曙红

Y 发出黄色荧光。

4. 鲁米诺发光与混合荧光物质的能量转移实验

1）试剂的配制

血样、A 液和 B 液的配制方法同上。

混合液：分别按 4∶1、1∶1 和 1∶4 等不同比例混合 C、D 液。

2）实验过程与现象

取 2 支 15mL 试管，其中一支加入 A、B 液各 5mL，混匀后再加入 1.0mL 血样，用于对照。另一支试管按以上方法加入 A、B 液和血样后，再沿管壁加入 1.0mL 混合液，即可观察到鲁米诺发出的蓝光将能量转移到混合的荧光物质，激发混合的荧光物质发出不同颜色的荧光，并由亮绿色光逐步转变为亮黄色光。

采用类似的方法也可观察鲁米诺发光与其他水溶性荧光物质的能量转移。

四、思考题

（1）化学发光与荧光物质能量转移可能的原理是什么？

（2）阐述血催化化学发光的机理。

实验 9　流动注射化学发光法测定喹诺酮药物

一、实验目的

（1）掌握流动注射化学发光法的原理。

（2）熟悉流动注射化学发光法的操作。

二、实验原理

Tb^{3+}能增强 Ce(Ⅳ)-SO_3^{2-}-OFLX（氧氟沙星）体系的化学发光，在一定范围内氧氟沙星的浓度与化学发光强度呈线性关系。基于此建立了流动注射化学发光测定氧氟沙星的新方法。该法的线性范围为 2×10^{-9}～6×10^{-7}g·mL^{-1}。

三、仪器和试剂

1. 仪器

流动注射化学发光分析仪、多功能化学发生检测器。

2. 试剂

氧氟沙星对照品标准储备液 1×10^{-3} g·L^{-1}。

Tb^{3+}的标准溶液（4×10^{-2} mol·L^{-1}）：准确称取 0.4740g Tb_4O_7，加入适量浓硝酸及盐酸，加热溶解，然后定容至 100mL。

$(NH_4)_2Ce_4(NO_3)_6$ 溶液（1.0×10^{-2} mol·L^{-1}）。

Na_2SO_3 溶液（2.0×10^{-2} mol·L^{-1}，新鲜配制）。

以上所用试剂均为分析纯，实验用水为亚沸二次蒸馏水。

四、实验步骤

（1）测定。按照图 2-2 连接好各反应管道，通过主泵、副泵运转及转向阀完成试液的混合并使试液进入发光池，测定试液。

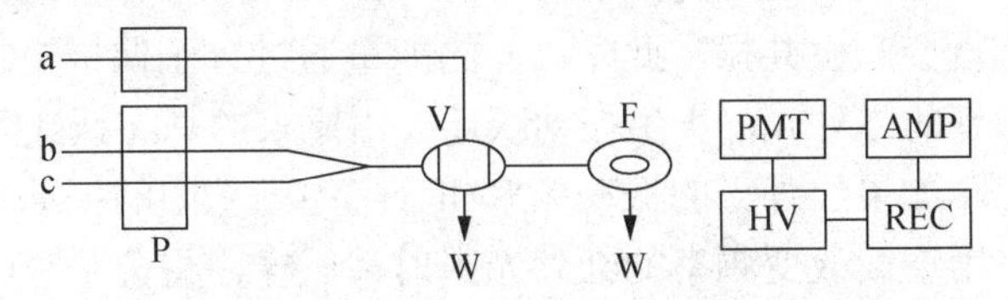

图 2-2　流动注射化学发光分析仪流路

P—蠕动泵；V—六通阀；F—流通池；PMT—光电倍增管；AMP—放大器；REC—记录仪；HV—负高压；W—废液；a—Ce^{4+}和 Tb^{3+}混合溶液（5×10^{-4}mol·L^{-1}）；b—样品溶液；c—Na_2SO_3 溶液（8×10^{-4}mol·L^{-1}）

（2）标准曲线的制作。

分别测量载入浓度为 0.02μg·mL^{-1}、0.05μg·mL^{-1}、0.1μg·mL^{-1}、0.2μg·mL^{-1}、0.4μg·mL^{-1}的氧氟沙星溶液后的化学发光强度，并绘制标准曲线或进行一元线性回归，求其回归方程。

（3）将样品导入实验装置，测定化学发光强度。

五、数据处理

1. 标准曲线的绘制

将测得的实验数据填入表 2-1。根据测定的氧氟沙星溶液的化学发光强度绘制标准曲线或进行一元线性回归，求其回归方程。

表 2-1　实验数据记录

浓度/（μg·mL^{-1}）	0.02	0.05	0.1	0.2	0.4	样品
发光强度						

2. 计算

根据标准曲线或回归方程计算样品中氧氟沙星的浓度。

六、思考题

（1）化学发光分析法的原理和特点是什么？

（2）流动注射化学发光法的优势有哪些？

（3）该实验中 Tb^{3+}的作用是什么？

实验 10　苯甲酸红外光谱测定及谱图解析

一、实验目的

（1）学习用红外吸收光谱进行化合物的定性分析。

（2）掌握用压片法制作固体试样晶片的方法。

（3）熟悉红外分光光度仪的工作原理及使用方法。

二、实验原理

当一定频率（一定能量）的红外光照射分子时，如果分子某个基团的振动频率和外界红外辐射频率一致，二者就会产生共振。此时，光的能量通过分子偶极矩的变化传递给分子，这个基团就吸收一定频率的红外光，产生振动跃迁（由原来的基态跃迁到较高的振动能级），从而产生红外吸收光谱。如果红外光的振动频率和分子中各基团的振动频率不一致，该部分红外光就不会被吸收。用连续改变频率的红外光照射某试样，将分子吸收红外光的情况用仪器记录下来，就得到试样的红外吸收光谱图。由于振动能级的跃迁伴随着转动能级的跃迁，因此所得的红外光谱不是简单的吸收线，而是一个个吸收带。

在化合物分子中，具有相同化学键的原子基团，其基本振动频率吸收峰（简称基频峰）基本上出现在同一频率区域内。例如，$CH_3(CH_2)_5CH_3$、$CH_3(CH_2)_4C \equiv N$和$CH_3(CH_2)_5CH \equiv CH_2$等分子中都有—$CH_3$、—$CH_2$—基团，它们的伸缩振动基频峰与 $CH_3(CH_2)_6CH_3$ 分子的红外吸收光谱中—CH_3、—CH_2—基团的伸缩振动基频峰都出现在同一频率区域内，即在小于 $3000cm^{-1}$ 波数附近，但又有所不同。这是因为同一类型原子基团，在不同化合物分子中所处的化学环境有所不同，使基频峰频率发生一定移动。例如—C═O基团的伸缩振动基频峰频率一般出现在 $1850 \sim 1860cm^{-1}$ 范围内，当它位于酸酐中时，vC═O为 $1820 \sim 1750\ cm^{-1}$；当它位于酯类中时，为 $1750 \sim 1725\ cm^{-1}$；当它位于醛类中时，为 $1740 \sim 1720cm^{-1}$；当它位于酮类中时，为 $1725 \sim 1710\ cm^{-1}$；当它与苯环共轭时，如乙酰苯中vC═O为 $1695 \sim 1680cm^{-1}$；当它位于酰胺中时，vC═O为 $1650cm^{-1}$ 等。因此，掌握各种原子基团基频蜂的频率及其位移规律，就可应用红外吸收光谱来确定有机化合物分子中存在的原子基团及其在分子结构中的相对位置。苯甲酸分子中各原子基团的基频峰见表 2-2。

表 2-2　苯甲酸分子中各原子基团的基频峰

原子基团的基本振动形式	基频峰的频率/cm^{-1}
vC—H（Ar上）	3077，3012
vC═C（Ar上）	1600，1582，1495，1450
δC—H（Ar上邻接五氢）	715，690
vO—H（形成氢键二聚体）	3000～2500（多重峰）
δO—H	935
vC═O	1400
δC—O—H（面内弯曲振动）	1250

注：v 为伸缩振动，δ 为弯曲振动。

本实验用溴化钾晶体稀释苯甲酸试样，研磨均匀后，压制成晶片，并测绘试样的红外吸收光谱。

三、仪器和试剂

1. 仪器

PerkinElmer 傅里叶变换红外分光光度计、粉末压片机、玛瑙研钵、快速红外干燥仪。

2. 试剂

溴化钾（AR）、苯甲酸（GR）。

四、实验步骤

（1）固体样品的制备：溴化钾压片。取 1～2mg 苯甲酸置于玛瑙研钵中，加入已研细的无水溴化钾，研磨成极细的粉末后置于模具中，用压片机压成锭片。

（2）测绘苯甲酸的红外吸收光谱。将锭片放在红外分光光度计的支架上，以空气为参比，记录红外光谱，并打印。

（3）简单分析苯甲酸的红外吸收光谱图。

五、结果与分析

苯甲酸的红外吸收光谱图如下。

1. 官能团区

（1）在 1600～1581cm^{-1}，1419～1454cm^{-1} 内出现四指峰，由此确定存在单核芳烃 C═C 骨架，所以存在苯环。

（2）在 2000～1700cm^{-1} 有锯齿状的倍频吸收峰，所以为单取代苯。

（3）在 1683cm^{-1} 区域存在强吸收峰，这是由羧酸中羧基的振动产生的。

（4）在 3200～2500cm^{-1} 区域有宽吸收峰，所以有羧酸的 O—H 键伸缩振动。

2. 指纹区

705cm^{-1} 和 667cm^{-1} 为单取代苯 C—H 变形振动的特征吸收峰。

六、思考题

（1）红外吸收光谱测绘时，对固体试样的制样有何要求？

（2）红外光谱实验室为什么要求温度和相对湿度相对稳定？

（3）如何进行红外吸收光谱的定性分析？

附：苯甲酸的红外光谱图（图 2-3）。

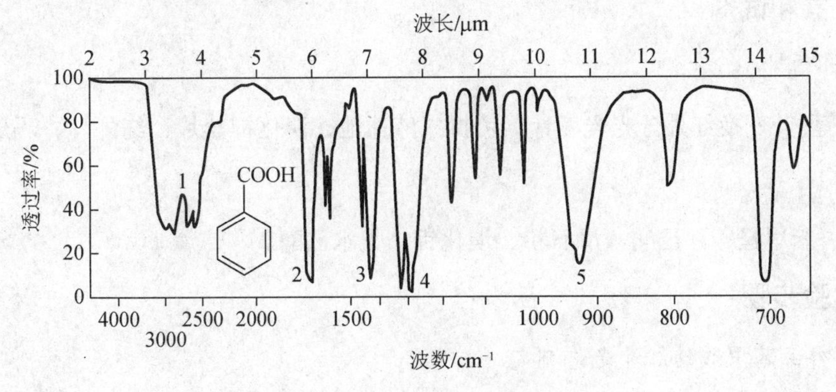

图 2-3 苯甲酸的红外光谱图

实验 11　醛和酮的红外光谱

一、实验目的

（1）掌握红外光谱法进行物质结构分析的基本原理，能够利用红外光谱鉴别官能团，并根据官能团确定未知组分的主要结构。

（2）能选择羧酸、醛和酮中的羰基吸收频率进行比较，说明诱导效应、共轭效应及氢键效应对羰基峰的影响，指出各个醛、酮的主要谱带。

（3）了解仪器的基本结构及工作原理。

二、实验原理

测定未知物结构是红外吸收光谱定性分析的一个重要用途。红外光谱法是通过研究物质结构与红外吸收光谱间的关系来对物质进行分析的。红外光谱可以用吸收峰的位置和峰的强度加以表征。根据实验所测绘的红外光谱图的吸收峰位置、强度和形状，利用基团振动频率与分子结构的关系可确定吸收带的归属，确认分子中所含的基团或键，并推断分子的结构。

羰基在 1850～1600cm^{-1} 范围内出现强吸收峰，其位置相对较固定且强度大，很容易识别。而羰基的伸缩振动受到样品的状态、相邻取代基团、共轭效应、氢键、环张力等因素的影响，其吸收带实际位置有所差别。

吸收峰的位置取决于化学键的强度和基团的折合质量。由此我们得到如下启示：

（1）任何增强羰基键极性的效应都会使羰基的伸缩振动峰向低波数移动。

（2）任何降低羰基键极性的效应都会使羰基的伸缩振动峰向高波数移动。

（3）当羰基与其他基团形成共轭体系时，由于共轭效应的作用，羰基键的电子云密度减小，从而降低碳氧键的力常数，使羰基的伸缩振动峰向低波数移动。

本实验用傅里叶变换红外分光光度计来测定相应的谱图。它是由红外光源、迈克尔孙干涉仪、检测器、计算机等组成的。光源发散的红外光经迈克尔孙干涉仪处理后照射到样品上，透射过样品的光信号被检测器检测到后以干涉信号的形式传送到计算机，由计算机进行傅里叶变换的数学处理后得到样品红外光谱图。

三、仪器和试剂

1. 仪器

650 型傅里叶变换红外分光光度计、可拆式液体池、溴化钾盐片、红外灯、玛瑙研钵。

2. 试剂

苯甲酸、苯甲醛、环己酮、滑石粉、溴化钾、无水乙醇。

四、实验步骤

1. 固体样品苯甲酸的红外光谱测定

（1）取干燥的苯甲酸试样约 1mg 于干净的玛瑙研钵中，在红外灯下研磨成细粉，再加入约 150mg 干燥的溴化钾一起研磨至二者完全混合均匀，颗粒粒度应小于 2μm。

（2）取适量的混合样品于干净的压片模具中，堆积均匀，用手压式压片机用力加压约 30s，制成透明试样薄片。

（3）将试样薄片装在磁性样品架上，放入傅里叶变换红外分光光度计的样品室中，先测量空白背景，再将样品置于光路中，测量样品红外光谱图。

（4）扫谱结束后，取出样品架，取下薄片，将压片模具、样品架等擦洗干净，置于干燥器中保存好。

2. 液体试样苯甲醛、环己酮的红外光谱测定

（1）将可拆式液体池的盐片从干燥器中取出，在红外灯下用少许滑石粉混入几滴无水乙醇磨光其表面。再用几滴无水乙醇清洗盐片后，置于红外灯下烘干备用。

（2）将盐片放在可拆式液体池的孔中央，将另一盐片平压在上面，拧紧螺钉，组装好液体池，置于光度计样品架上，进行背景扫谱。然后，拆开液体池，在盐片上滴一滴液体试样，将另一盐片平压在上面（不能有气泡）组装好液体池。同前进行样品扫描，获得样品的红外光谱图。

（3）扫谱结束后，将液体池拆开，及时用无水乙醇洗去样品，并将盐片保存在干燥器中。

3. 注意事项

（1）溴化钾应干燥无水，固体试样研磨和放置均应在红外灯下，防止吸水变潮；溴化钾和样品的质量比在（100～200）∶1。

（2）可拆式液体池的盐片应保持干燥、透明，切不可用手触摸盐片表面；每次测定前后均应在红外灯下反复用无水乙醇及滑石粉抛光，用镜头纸擦拭干净，在红外灯下烘干后，置于干燥器中备用。盐片不能用水冲洗。

五、结果分析

1. 图谱对比

在 Sadtler 标准图谱库中查标准红外光谱图，并将实验结果与标准图谱进行对照。

2. 图谱解析

解释测得的红外光谱图，寻找相应的官能团的各种类型的吸收峰。

六、思考题

（1）使用红外光谱法测定物质结构的原理是什么？
（2）使用红外光谱进行定性分析的依据是什么？

实验 12　火焰原子吸收光谱法测定水中的铜

一、实验目的

（1）理解火焰原子吸收光谱法的原理。

（2）掌握火焰原子吸收光谱仪的操作技术。
（3）熟悉原子吸收光谱法的应用。

二、实验原理

原子吸收光谱法基于待测的气态基态原子对其原子共振辐射的吸收，由辐射减弱的程度来求得样品中待测元素的含量。气态的基态原子数与物质的含量成正比，故可用于进行定量分析。利用火焰的热能使样品转化为气态的基态原子的方法称为火焰原子吸收光谱法。具体的定量方法是标准曲线法：①用逐级稀释法配制一个标准溶液系列，测定其吸光度，以标准溶液系列的浓度为横坐标，相应的吸光度为纵坐标，绘出标准曲线；②测定试样溶液的吸光度，在工作曲线上求出其浓度。

三、仪器和试剂

1. 仪器

TAS-990 原子吸收分光光度计。

2. 试剂

（1）$50\mu g\cdot mL^{-1}$的铜标准储备液。
（2）标准工作溶液。将铜标准储备液用逐级稀释法配成下列标准溶液系列：$0\mu g\cdot mL^{-1}$、$0.5\mu g\cdot mL^{-1}$、$1.0\mu g\cdot mL^{-1}$、$2.0\mu g\cdot mL^{-1}$、$4.0\mu g\cdot mL^{-1}$。

四、实验步骤

1. 仪器操作步骤

（1）启动计算机，待计算机启动成功，进入 Windows 桌面。
（2）打开主机电源开关，双击图标 AAWin，选择联机项，单击“确定”按钮，仪器开始初始化。
（3）检查液封是否正常。
（4）初始化完后，出现选择灯的界面。选择工作灯（Cu）、预热灯，工作参数按默认值。
（5）寻找吸收峰，找最大吸收波长。$\lambda_{max(Cu)}$=324.82nm，能量≈100，单击“下一步”按钮，再单击“关闭”按钮，出现主界面。
（6）选择“仪器”→“燃烧器参数设置”，进行参数设置（高度为 8mm，燃烧器流量为 $1400mL\cdot min^{-1}$）。
（7）选择“样品”→“参数设置”，对各项进行设置。
（8）开始测量。

2. 测量步骤

（1）打开空气压缩机（出口压力应为 0.2MPa）。
（2）打开乙炔气瓶（分压阀的压力调到 0.05～0.06MPa）。
（3）点火。

（4）单击“能量”按钮，自动进行能量平衡。

（5）单击“测量”按钮，首先校零，然后单击“开始”按钮，测定每一个标样，最后测未知液。

（6）存储数据，记录数据。

（7）测量结束。

3. 测量完毕

（1）关乙炔钢瓶阀门。

（2）放水，关闭空气压缩机。

（3）逆序关闭各电源开关。

五、数据处理

（1）由标准溶液的测量数据，以标准溶液系列的浓度为横坐标，相应的吸光度为纵坐标，作出标准曲线。

（2）由标准曲线求出铜未知液的浓度。

六、思考题

（1）火焰原子吸收光谱法测定元素的原理是什么？

（2）本实验为何要用铜的空心阴极灯作光源？能否用氢灯或钨灯代替？

实验 13　原子吸收光谱法测定自来水中钙、镁的含量

一、实验目的

（1）熟悉原子吸收分光光度计的结构及使用方法。

（2）掌握测定钙、镁含量的方法，加深理解原子吸收光谱法的基本原理。

二、实验原理

原子吸收光谱法主要用于定量分析，它是基于从光源中辐射出的待测元素的特征谱线通过试样的原子蒸气时，被蒸气中待测元素的基态原子所吸收，使透过的谱线强度减弱。在一定的条件下，其吸收程度（A）与试液待测元素的浓度（c）成正比，即 $A=Kc$。

本实验采用标准曲线法测定水中钙、镁含量，即先测定已知浓度的各待测离子标准溶液的吸光度，分别绘制吸光度-浓度标准曲线；再于同样条件下测定水样中各待测离子的吸光度，从标准曲线上即可查出水样中各待测离子的含量。

三、仪器和试剂

1. 仪器

SOLAAR990 型原子吸收分光光度计、空气压缩机、乙炔钢瓶、钙空心阴极灯、容量瓶。

2．试剂

金属镁或 $MgCO_3$（GR）、无水 $CaCO_3$（GR）、浓 HCl（GR）、HCl 溶液（1mol·L^{-1}）。

3．标准溶液配制

（1）钙标准储备液（1000μg·mL^{-1}）：准确称取于 110℃烘干 2h 的无水 $CaCO_3$ 0.6250g 于 100mL 烧杯中，用少量水湿润，盖上表面皿，从烧杯嘴滴加 1mol·L^{-1} HCl，直至完全溶解，然后定量地转移至 250mL 容量瓶中，用水稀释定容，摇匀。

（2）钙标准溶液（100μg·mL^{-1}）：准确吸取上述钙标准储备液 10.00mL 于 100mL 容量瓶中，加 1∶1 HCl 2mL，用水稀释定容，摇匀。

（3）镁标准储备液（1000μg·mL^{-1}）：准确称取金属镁 0.250g 于 100mL 烧杯中，盖上表面皿，从烧杯嘴滴加 5mL 6mol·L^{-1} HCl 溶液，使之溶解。然后定量地转移至 250mL 容量瓶中，用水稀释定容，摇匀。

（4）镁标准溶液（50μg·mL^{-1}）：准确吸取上述镁标准储备液 5.00mL 于 100mL 容量瓶中，用水稀释定容，摇匀。

四、实验步骤

1．调试仪器

实验条件见表 2-3。

表 2-3　测定钙、镁的实验条件

测定条件	钙	镁
吸收波长/nm	422.7	285.2
灯电流/mA	2	1.5
燃烧器高度/mm	50	50
气体流量（L·min^{-1}）	1.4	1.0

2．配制标准溶液系列

（1）配制钙标准溶液系列。准确吸取 2.00mL、4.00mL、6.00mL、8.00mL、10.00mL 浓度为 100μg·mL^{-1} 的钙标准溶液分别置入 5 个 100mL 容量瓶中，分别加入 6mol·L^{-1} HCl 2mL，用水稀释，定容，摇匀。

（2）配制镁标准溶液系列。准确吸取 50μg·mL^{-1} 的镁标准溶液 1.00mL、2.00mL、3.00mL、4.00mL、5.00mL 分别置于 5 个 100mL 容量瓶中，分别加 6mol·L^{-1}HCl 2mL，用水稀释，定容，摇匀。

（3）配制自来水样。准确吸取适量（视未知钙、镁的浓度而定）自来水，置于 100mL 容量瓶中，加入 6mol·L^{-1} HCl 2mL，用水稀释，定容，摇匀。

（4）标准溶液系列和水样的测定。以去离子水为参比，然后依次对标准溶液系列和水样进行测定。测定某一种元素时应换用该种元素的空心阴极灯作为光源，分别测定不同浓度标准溶液和水样的钙、镁吸光度。分别以各金属元素的浓度为横坐标，所测得的吸光度为纵坐标，绘制标准曲线。从对应的标准曲线上查得各自的浓度，然后根据水样的稀释倍数计算水样中钙、镁的含量（以 $\mu g \cdot mL^{-1}$ 为单位）。

五、思考题

（1）简述原子吸收分光光度计的基本原理。

（2）原子吸收分光光度分析为何要用待测元素的空心阴极灯作光源？能否用氢灯或钨灯代替？为什么？

（3）原子吸收光谱分析的优点是什么？

实验 14　金属或合金中杂质元素的原子发射光谱定性分析

一、实验目的

（1）学习原子发射光谱分析的基本原理和定性分析方法。

（2）掌握发射光谱分析方法的电极制作、摄谱、冲洗感光板等基本操作。

（3）掌握利用铁光谱比较法定性判别未知试样中所含杂质元素的方法。

（4）学会正确使用摄谱仪和投影仪。

二、实验原理

不同元素的原子结构不同，可发射许多波长不同的特征光谱谱线，因此可根据这些特征光谱线是否出现，来确定某种元素是否存在。但在光谱定性分析中，不必检查所有谱线，而只需根据待测元素 2～3 条最后线或特征谱线组，即可判断该元素存在与否。元素的最后线是指当试样中元素含量降低至最低可检出量时，仍能观察到的少数几条谱线。元素的最后线往往也是该元素的最灵敏线。而特征谱线组往往是一些元素的双重线、三重线、四重线或五重线等，它们并不是最后线。例如，镁的最后线是 285.2nm 一条谱线，而最易于辨认的却是 277.6～278.2nm 的五重线。该五重线由于不是最后线，在低含量时，在光谱中不能找到。但由于特征谱线组易于辨认，当试样中某些元素含量较高时，只用它的特征谱线组就足以判断了。

表 2-4 列出了各元素在 228.0～460.0nm 范围内的重要分析线，供光谱定性分析时使用。但必须注意，判定某元素时，如果最后线不出现，而较次灵敏线反而出现，则可能是由其他元素谱线的干扰而引起的。事实上，由于试样中许多元素的谱线波长相近，而摄谱仪及感光板的分辨率又有限，在记录到的试样光谱中，谱线会相互重叠，发生干扰。当需要确认某一元素的分析线是否受到干扰时，首先要判明干扰元素是否存在（检查干扰元素的最后线存在与否）。当一条分析线确实受到干扰时，可以根据其他分析线来确定该元素存在与否。

表 2-4　各种元素的重要分析线

元素	分析线波长/nm				元素	分析线波长/nm			
Ag	328.07	338.29			Na	330.23	330.30	587.00	585.99
Al	300.27	308.21	394.40	396.15	Nb	313.08	292.78	295.08	
As	228.81	234.98	278.02		Nd	430.36			
Au	242.80	267.60			Ni	305.08	341.48		
B	249.68	249.77			Os	290.91	305.87		
Ba	455.40	493.40			P	253.40	253.57	255.32	255.49
Be	234.86	313.04	313.11	332.13	Pb	283.31	280.20		
Bi	306.77	289.80			Pd	340.46	342.12		
C	247.86				Pr	422.30	422.53		
Ca	393.37	396.85	422.67		Pt	265.95	306.47		
Cd	228.80	326.11	340.37		Rb	420.19	421.56		
Ce	429.67	413.77			Re	346.05	345.19	346.47	
	340.51	345.35	346.58		Rh	343.49	332.31	339.69	
Cr	425.44	427.48	428.97		Ru	343.67	349.89	359.62	
Cs	455.54	459.32	852.11	894.35	Sb	252.85	259.81	287.79	
Cu	324.75	327.40			Sc	335.37	424.68		
Dy	313.54	389.85			Se	241.35			
Er	326.48				Si	251.61	288.16		
Eu	272.79				Sm	442.43	428.08		
Fe	248.33	259.94	302.06		Sn	284.00	286.33	317.50	
Ga	294.36	287.42			Sr	407.77	421.55	460.73	
Cl	301.01				Ta	268.51	271.47	331.12	
Ge	265.12	303.91	326.95		Tb	332.44	322.00		
Hf	263.87	264.14	277.34	282.02	Te	238.33	238.58	253.07	
Hg	253.65	365.02			Th	283.23	283.73	287.04	
Ho	342.54	345.60			Ti	308.80	334.90	337.28	
In	303.94	325.61			Tl	351.92	276.79	322.98	
Fr	322.08	292.48			Tm	286.92			
K	404.41	404.72	766.49	769.90	U	424.17	424.44		
La	333.75	433.37			V	318.34	318.90	318.54	
Li	323.26	670.78			W	289.65	294.44	294.70	
Lu	261.54				Y	324.23	437.49		
Mg	285.21	279.55	280.27		Yb	398.80	328.99		
Mn	257.61	259.37	279.48	279.83	Zn	330.26	330.29	334.50	
Mo	313.26	317.03			Zr	327.31	339.20	343.82	349.62

注：Ce 为多谱线，所以对应两行数据。

在光谱定性分析中，除了需要元素分析线外，还需要一套与所用的摄谱仪具有相同色散率的元素标准光谱图。图 2-4 为波长范围为 301.0～312.4nm 的元素标准光谱图。在该图下方，标有按已知波长顺序排列的标准铁谱线和波长标尺，图的上方是各元素在该波段范围内可能出现的分析线。在元素符号下方标有该元素谱线波长，在元素符号的右上角，标有灵敏度的强度级别。灵敏度的强度一般分为 10 级，数字越大，表示灵敏度越高，通常可利用灵敏度的强度级别来估计元素含量（表 2-4）和判别有无干扰元素存在。

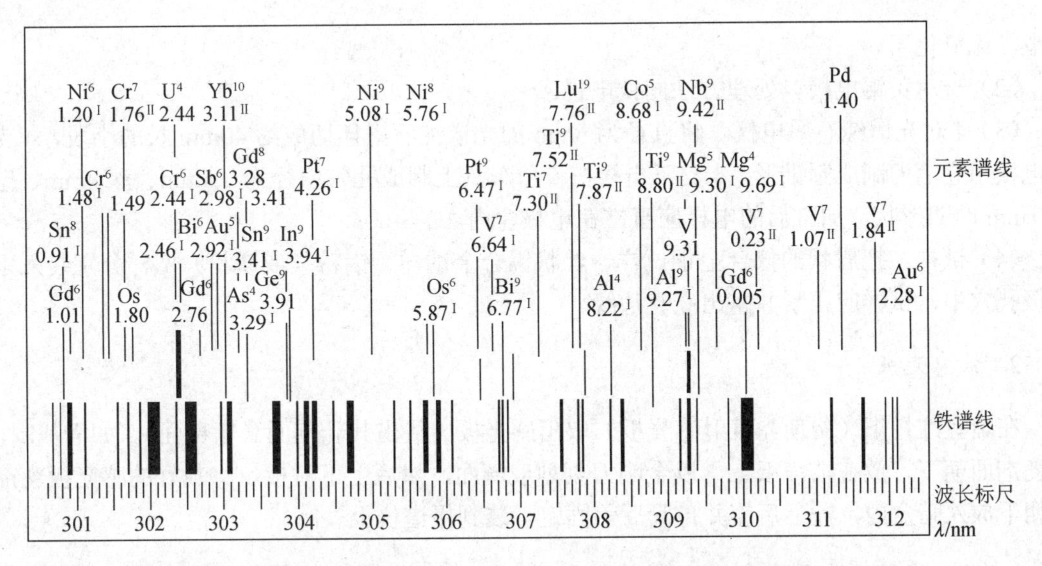

图 2-4　波长范围为 301.0～312.4nm 的元素标准光谱图

实验时用哈特曼（Hartman）光阑把试样和纯铁并列摄谱于感光板上，感光板经显影、定影、阴干后，置于光谱投影仪工作台上，并投影于投影屏，谱线被放大 20 倍。然后用元素标准光谱图进行对照比较，判定试样中有哪些元素存在，并通过其谱线强度级别估计该元素的含量。若仅需了解某个元素是否存在，可先从表 2-4 中查出这些元素的分析线波长，再在光谱投影仪上与元素标准光谱图对照，判断是否有指定元素存在。

三、仪器和试剂

1. 仪器

WPG-100 型 1m 平面光栅摄谱仪。

光源：屑状、粒状、粉末状试样用交流电弧光源，棒状、块状金属试样用火花光源。

电极：光谱纯石墨电极。

感光板：天津紫外 II 型。

投影仪：8W 型光谱投影仪。

2. 试剂

显影液：按感光板附配方配制。

停影液：每升含冰醋酸溶液 15mL。

定影液：F5 酸性坚膜定影液。

四、实验步骤

（一）摄谱

1. 准备电极与试样

（1）一对铁电极。将棒状铁电极在砂轮上打磨成顶端带直径 2mm 的平面锥体，要求表面光滑，无氧化层。

（2）一对黄铜电极。处理方法同铁电极。

（3）4 对光谱纯石墨电极。将直径为 6mm 的光谱纯石墨棒切成约 40mm 长的小段，4 支上电极用卷笔刀制成圆锥形，4 支下电极在专用车具上制成孔穴内径为 3.5mm、深 4mm、壁厚 1mm 的凹形状。加工后的电极应直立在电极盒内。

（4）试样。把屑状的低合金钢试样、丝状锡合金试样、铝粉（或镁粉）试样分别装入下电极孔穴中，试样应压紧并露出碳孔边缘。

2. 装感光板

在暗室红灯下（勿使光直射感光板）取出感光板，找出其乳剂面（粗糙面）。如需裁制，将乳剂面朝下，放在洁净纸上，以金刚刀刻划玻璃面，然后上下对板。将裁好的感光板乳剂面朝下放入暗盒内，盖上后盖并拧紧后盖固定，装到摄谱仪上。

3. 设置摄谱仪工作条件

狭缝 5μm，中间光阑 5mm，狭缝调焦和狭缝倾角、光栅转角设定参考仪器说明书。

4. 安装电极

分别将电极插入电板架上，调整电极间距（3mm 左右）。对光，点燃电弧，调节电极头使在中间光阑两侧成像，光线均匀照明狭缝前的十字对中盖，电极安装完毕。

5. 准备摄谱

选择适当光源，抽开暗盒挡板使感光板乳剂面对准光路，将板移至合适高度，选择哈特曼光阑，拿掉狭缝前的对中盖，准备摄谱。

6. 摄谱顺序

采用哈特曼光阑（即不移动感光板）摄谱。

（1）摄铁谱。将哈特曼光阑置 2、5、8 处，控制电流为 5A 左右，曝光约 5s。

（2）摄试样光谱。将哈特曼光阑置 1 处，控制电流为 6A 左右，曝光 30s，然后升高电流至 8～10A，至试样烧完为止（弧焰呈紫色，电流下降，发出“吱吱”声）。移动光阑到 3（或 4、6、7、9）位置，依次增加曝光时间拍摄试样光谱。金属自电极试样用火花光源激发，曝光 2～3min；石墨电极孔穴中粉末试样用交流电弧激发，应使试样烧完。注意观察电弧颜色变化，并随时调整电极间距。做好摄谱记录，包括感光板移动位置、光阑、试样、光源种类、电流大小及曝光时间等。

（3）摄空碳棒光谱。将哈特曼光阑置 4（或其他摄谱位置）处，取未装试样的一对光谱纯石墨电极，按试样摄谱条件进行摄谱，用以检查石墨纯度。认识氰的带状光谱，并比较电弧与火花光谱（用两种光源在不同光阑位置各摄一次）。

7. 暗室处理

摄谱完毕后，推上挡板，取下暗盒，在暗室里的红色安全灯下取出感光板进行显影、停影、定影、水洗、干燥，备用。

（1）显影：显影液按天津紫外 II 型感光板附配方配制。18～20℃时，显影 4～6min。显影时先将适量的显影液倒入瓷盘，使感光板在水中稍加润湿。然后，乳剂面向上浸没在显影液中，并轻轻晃动瓷盘，以避免局部浓度不均匀。

（2）停影：为了保护定影液，显影后的感光板可先在稀乙酸溶液（每升含冰醋酸 15mL）中漂洗，或用清水漂洗，使显影停止。然后，浸入定影液中。停影操作也应在暗灯下进行。在 18～20℃时，漂洗 1min 左右。

（3）定影：在 20℃ ± 4℃条件下，将适量的 F5 酸性坚膜定影液倒入另一瓷盘，乳剂面向上浸入其中。定影开始应在暗红灯下进行，15s 后可开白炽灯观察。新鲜配制的定影液约 5min 就能观察到乳剂通透（即感光板变得透明）。

（4）水洗：定影后的感光板需在室温的流水中淋洗 15min 以上。淋洗时，乳剂面向上，充分洗除残留的定影液，否则谱片在保存过程中会发黄而损坏。

（5）干燥：谱片应在干净架上自然晾干。如果快速干燥，可在乙醇中浸泡一下，再用冷风机吹干，乳剂面不宜用热风吹，30℃以上的温度会使乳剂软化起皱而损坏。

显影、定影完毕后，随即把显影液和定影液倒回储存瓶内。

（二）识谱

（1）将待观察的感光板乳剂面朝上（短波在右边，长波在左边）置于光谱投影仪上，调整投影仪手轮使谱线清晰，然后与标准谱线图进行比较。

（2）认识铁光谱。将谱板从短波向长波移动，即自 240nm 左右开始，每隔 10nm 记忆铁光谱的特征谱线。在 360nm 左右出现氰带。360nm、390nm、420nm 是 3 个氰带。

（3）大量元素的检查。凡试样谱带上的粗黑谱线，均用谱线图查对，以确定试样中哪些元素大量存在。

（4）杂质元素的检查。在波长表上查出待测元素的分析线，根据其分析线所在的波段，用图谱与谱板进行比较。如果某元素的分析线出现，则可确定该元素存在。但应注意试样中大量元素和其他杂质元素谱线的干扰。一般应找 2～3 条分析线进行检查，只有这 2～3 条分析线均已出现，才能确定此元素的存在。

五、思考题

（1）原子发射光谱定性分析的理论依据是什么？

（2）光谱定性分析选用光源的原则是什么？

附：定性分析结果的表示方法（表 2-5）。

表 2-5　定性分析结果的表示方法

谱线强度级别	含量（估计范围）/%	含量等级
1	100～10	主
2～3	10～1	大
4～5	1～0.1	中
6～7	0.1～0.01	小
8～9	0.01～0.001	微
10	<0.001	痕

实验 15　原子荧光光谱法测定水中的砷

一、实验目的

（1）掌握原子荧光光谱法的基本原理。

（2）熟悉原子荧光光谱仪的基本结构及使用方法。

二、实验原理

原子荧光光谱法利用化学反应使待测元素生成易挥发的氢化物，用氩气（载气）将其带出并导入石英原子化器中而与基体其他共存元素相分离。所生成的氢化物在石英原子化器的氩氢火焰中很容易被原子化。生成的基态原子蒸气吸收了以特种空心阴极灯为激发光源发出的特征谱线，使其外层电子被激发，当电子跃迁返回基态或较低能级时发出荧光。其荧光强度在一定浓度范围内与待测元素的含量成正比。

$$F = kc$$

式中：F——荧光强度；

k——常数；

c——样品浓度。

该方法适合于分析能生成氢化物的元素，如砷（As）、锑（Sb）、铋（Bi）、硒（Se）等以及可形成气态组分的元素，如汞（Hg）、镉（Cd）、锌（Zn）等。

例如，测定溶液中的砷时，以盐酸为介质，硼氢化钾作还原剂，可使 As 生成 AsH_3。溶液中的 As^{5+}在酸性条件下可用硫脲-抗坏血酸还原为 As^{3+}，此时测定的是总砷含量。由于所有可形成氢化物的元素的荧光波长都位于紫外光区，原子荧光光谱仪采用了无色散系统和日盲光电倍增管检测，以提高仪器的灵敏度。同时原子荧光光谱仪与流动注射分析技术相结合，实现了自动化分析。

三、仪器和试剂

本方法所用试剂纯度为优级纯，测定用水为去离子水。

（1）还原剂 KBH_4（$20g\cdot L^{-1}$）溶液。配制方法：称取 20g KBH_4 和 5g KOH 溶于纯水中，定容至 1000mL。

（2）载流（体积分数为 5%的盐酸溶液）。配制方法：移取 50mL 优级纯盐酸定容至 1000mL。

（3）硫脲（$100g\cdot L^{-1}$）溶液。配制方法：硫脲研磨后，称取 20g 硫脲，加热溶解，待冷却后，定容至 200mL。

（4）砷标准储备溶液：国家标准物质研究中心的砷单元素标准溶液，标准值为 $1mg\cdot mL^{-1}$。

（5）砷标准使用液。配制方法：取 1.00mL 砷标准储备液，放入 100mL 容量瓶中，加入 5mL 浓盐酸，用纯水定容至 100mL，浓度为 $10\mu g\cdot mL^{-1}$；再取 $10\mu g\cdot mL^{-1}$ 溶液 10mL，放入 100mL 容量瓶中，加入 5mL 浓盐酸，用纯水定容至 100mL。该溶液为砷标准使用液，浓度为 $1\mu g\cdot mL^{-1}$。

（6）AFS9750 原子荧光光谱仪（图 2-5）。

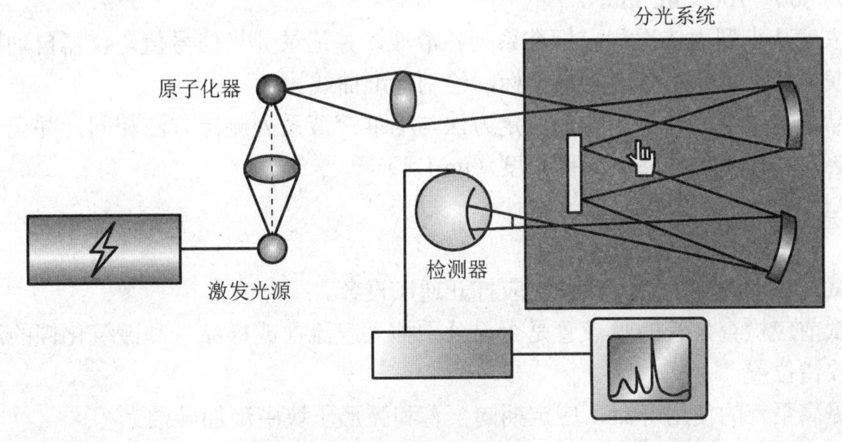

图 2-5　原子荧光光谱仪结构示意图

四、实验步骤

1. 标准溶液系列及样品溶液的配制

（1）标准溶液系列：吸取 $1\mu g\cdot mL^{-1}$ 砷标准使用液 0mL、0.10mL、0.20mL、0.40mL、0.80mL、1.00mL 于 6 个 100mL 容量瓶中，加入 5mL 浓盐酸和硫脲（$100g\cdot L^{-1}$）溶液 10mL，以纯水稀释定容至 100mL，摇匀。

（2）样品溶液：分别吸取自来水水样 20mL，加入 5mL 浓盐酸和硫脲（$100g\cdot L^{-1}$）溶液 10mL，以纯水稀释定容至 100mL，摇匀。放置 10min 后测定其荧光强度。

2. 分析测定

（1）打开右箱体上盖（灯室），安装好待测元素空心阴极灯，将泵管连接好，将调节手柄于最下方处开始向上扳 2 个齿（即听到两次“咔”声），控制流量。在确认电源连接正确后，按微机、主机和打印机顺序开启电源。

（2）按工作站操作说明调整好仪器工作参数，见表 2-6。

表 2-6　仪器工作参数值

仪器参数	参数值	仪器参数	参数值
负高压	260V	测量方式	标准曲线法
灯电流	80～100mA	信号类型	峰面积
辅助阴极电流	20～40mA	读数时间	16s
原子化器高度	7mm	延迟时间	1～2s
原子化器温度	室温	载流浓度	1% HCl

（3）输入样品信息。元素：As。样品类型：液体。含量单位：$\mu g \cdot L^{-1}$。样品重复：1～2个。样品空白：是。样品量：5～20mL。稀释体积：10～25mL。

（4）参数值确定后，空心阴极点亮，将调光器放在石英炉原子化器上，调节空心阴极灯的上下、左右位置，使光斑对准十字线中心，取下调光器。开启点火开关，原子化器上部炉丝点亮，然后预热20～30min，在预热期间无须通入氩气。

（5）预热完毕后开启氩气气瓶，调节次级输出压力为0.15～0.20MPa，调节载气流量旋钮，使气体流量为800～1000 $mL \cdot min^{-1}$。

（6）按浓度从小到大依次测定标准系列各溶液，并记录荧光信号值。仪器自动以容量瓶中砷浓度为横坐标，荧光信号值为纵坐标，绘制标准曲线。

（7）样品测定及结果计算。样品测定方法与标准溶液系列测定方法相同，并记录荧光信号值。仪器会自动计算出样品中的砷浓度（$\mu g \cdot L^{-1}$）。

3. 注意事项

（1）测试过程中会产生有害气体，应打开通风设备。

（2）测试前应检查泵管的吸液管是否已分别插入载流（或样品）和硼氢化钾的溶液内，吸液管不要放错位置。

（3）为提高泵管的使用寿命，应定期向泵管和弧形压块中滴加硅油。

（4）在测定时，特别注意载流空白，发现空白值很高，应及时检查所使用的酸是否含有被测元素，并采用其他生产厂的酸，或使用较高纯度酸进行对比。同时注意容器是否被污染，如有污染则应重新处理容器及重新配制载流和KBH_4。

（5）测试工作完毕后，应将两个吸液管放入盛有去离子水的烧杯中，蠕动泵继续运行，清洗管道。然后关闭氩气气瓶，关闭仪器、计算机和总电源，松开蠕动泵上部流量控制调节装置，防止泵管长期受压。

（6）测试工作完毕后，应及时将废液桶中的废液清除。清除实验台面上各种试剂，以防止仪器受侵蚀。

五、思考题

（1）原子荧光光谱仪的主要特点和测定对象是什么？

（2）原子荧光光谱法与火焰原子吸收光谱法及原子发射光谱法相比有何优点？

（3）砷的测定中加入硫脲溶液的作用是什么？

实验16　水样的pH测定

一、实验目的

（1）学习PHS-2C型pH计的使用方法。

（2）了解电位法测定水的pH的原理和方法。

二、实验原理

在日常生活和工农业生产中，所用水的质量都有一定标准。在进行水质检验时，水的 pH 是重要检验项目之一。例如，生活饮用水的 pH 要求为 6.5～8.5，低压锅炉水的 pH 要求为 10～12，电子工业、实验试剂配制则需要中性的高纯水。

现在测量水的 pH 比较精确的方法是电位法，该法是将玻璃电极（指示电极）、饱和甘汞电极（参比电极）与待测试液组成原电池，用 pH 计（一种精密电位差计）测量其电势。原电池用下式表示：

$Ag|AgCl(s)|HCl(0.1mol\cdot L^{-1})$|玻璃膜|试液溶液($x mol\cdot L^{-1}$) ‖ KCl（饱和）$|Hg_2Cl_2(s)|Hg$

玻璃电极　　　　　　　　被测溶液　　　　　　　　甘汞电极

玻璃电极为负极，饱和甘汞电极为正极。在一定条件下，电池的电动势 E 与 pH 呈直线关系。

$$E_{电池} = K' + \frac{2.303RT}{F}\mathrm{pH}_{试}$$

式中：R——气体常数，R=8.314$J\cdot mol^{-1}\cdot K^{-1}$；

F——法拉第常数，F=(96485.33289 ± 0.00059)$C\cdot mol^{-1}$；

T——绝对温度（K）。

由上式看出，求出 $E_{电池}$和 K'，即可知道试液的 pH。$E_{电池}$可通过测量求得，而 K'是由内外参比电极及难于计算的不对称电位和液接电位所决定的常数，很难求得。在实际测量时，选用和待测试液 pH 相似的、已知 pH 的标准缓冲溶液在 pH 计上进行校正(这个过程称为定位)。通过以上步骤，可在 pH 计上直接读出试液的 pH。一支电极应使用两种不同 pH 的标准 pH 缓冲溶液进行校正，两种缓冲溶液定位的 pH 误差应在 0.05pH 之内。

三、仪器和试剂

1. 仪器

PHS-2C 型 pH 计一台、E-201-C9 型复合 pH 电极一支（或 231 型玻璃电极和 232 型饱和甘汞电极各一支）、50mL 烧杯 7 个。

2. 试剂

（1）pH 为 4.00 的标准缓冲溶液（20℃）：称取于（115 ± 5）℃下烘干 2～3h 的一级纯邻苯二甲酸氢钾（$KHC_8H_4O_4$）10.12g，溶于不含 CO_2 的蒸馏水中，在容量瓶中稀释至 1000mL，储于塑料瓶中。

（2）pH 为 6.88 的标准缓冲溶液（20℃）：称取一级纯磷酸二氢钾（KH_2PO_4）3.39g 和磷酸氢二钠（Na_2HPO_4）3.53g，将它们溶于不含 CO_2 的蒸馏水中，在容量瓶中稀释至 1000mL，储于塑料瓶中。

（3）pH 为 9.23 的标准缓冲溶液（20℃）：称取一级纯硼砂（$Na_2B_4O_7\cdot 10H_2O$）3.80g，将它溶于不含 CO_2 的蒸馏水中，在容量瓶中稀释至 1000mL，储于塑料瓶中。

以上标准溶液也可用市售袋装缓冲溶液直接配制。其稳定 2 个月，且 pH 随温度不同稍有差异。

四、实验步骤

按照 PHS-2C 型 pH 计使用说明书进行操作。

（1）接通电源，清洗并安装电极，调节零点。

（2）根据实验室温度，由表 2-7，分别用不同 pH 的标准缓冲溶液对仪器进行定位。定位的 pH 误差应在 0.05pH 之内。

表 2-7　不同标准缓冲溶液在不同温度下的 pH

温度/℃	0	5	10	15	20	25	30	35	40	45	50
0.05 $mol \cdot L^{-1}$ 邻苯二甲酸氢钾	4.00	4.00	4.00	4.00	4.00	4.01	4.02	4.02	4.04	4.05	4.06
0.025 $mol \cdot L^{-1}$ 磷酸二氢钾 0.025 $mol \cdot L^{-1}$ 磷酸氢二钠	6.98	6.95	6.92	6.90	6.88	6.86	6.85	6.84	6.84	6.84	6.84
0.01 $mol \cdot L^{-1}$ 硼砂	9.46	9.40	9.33	9.28	9.23	9.18	9.14	9.10	9.07	9.04	9.01

（3）测量水样。分别测定 4 个不同水样的 pH，先用水样将电极和烧杯冲洗 3 次以上，然后进行测量，由仪器刻度表上读出 pH，每个水样应重复测定 3 次。（注意，应根据水样的 pH 选择相应的 pH 标准缓冲溶液对仪器定位）。

（4）测量完毕后，关闭测量开关和电源开关，拔掉电源，清洗电极。玻璃电极应使用蒸馏水浸泡，饱和甘汞电极应套上相应的橡皮套，防止 KCl 流失。

五、数据处理

记录实验数据，填入表 2-8 中。

表 2-8　实验数据记录

水样	水样 1			水样 2			水样 3			水样 4		
测定次数	1	2	3	1	2	3	1	2	3	1	2	3
pH												
平均 pH												

六、思考题

（1）电位法测定水样 pH 的原理是什么?

（2）玻璃电极在使用前应如何处理?为什么?

（3）pH 计为什么要用已知 pH 的标准缓冲溶液校正？校正时应注意哪些问题?

（4）什么是指示电极、参比电极?

（5）甘汞电极使用前应做哪几项检查?

实验 17　离子选择性电极测定饮用水中的氟

一、实验目的

（1）掌握直接电位法的测定原理。

（2）学会正确使用氟离子选择性电极和 pH 计。

二、实验原理

饮用水中氟含量的高低对人体健康有一定的影响，氟含量过低易患龋齿，过高则会发生氟中毒现象，适宜的含量为 0.5mg·L^{-1}左右。

目前测定氟的方法有比色法和电位法。前者的测量范围较宽，但干扰因素多，往往要对试样进行预处理。后者虽然测量范围不如前者宽，但能满足大多数水质分析的要求，而且操作简便，干扰因素少，样品一般不必进行预处理。因此，电位法测定氟离子已成为常规的分析方法。

本实验中应用氟离子选择性电极、饱和甘汞电极和待测试液组成原电池。测量的电池电动势 E 与氟离子活度符合能斯特方程：

$$E = K - \frac{2.303RT}{F}\lg\alpha_{F^-}$$

其中 K、R、F 均为常数，若在试液中加入适量的惰性电解质（如硝酸钠等），使离子强度保持不变，即使离子的活度系数为一常数，则上式中的氟离子活度可用浓度$[F^-]$代替。25℃时上式可写作：

$$E = K' - 0.059\lg[F^-]$$

可见，电动势 E 与 $\lg[F^-]$呈线性关系。因此，只要作出 E 对 $\lg[F^-]$的标准曲线，即可由水样测得的 E，从标准曲线求得水样中的氟离子浓度。

此外，还可由连续标准加入法求得水样中的氟离子浓度。

三、仪器和试剂

1. 仪器

PHS-2C 型 pH 计、CSB-F-1 型氟离子选择性电极、饱和甘汞电极、磁力搅拌器。

100mL 容量瓶 7 个、50mL 移液管 1 支、0.5mL 吸量管 1 支、10mL 吸量管 2 支、100mL 聚乙烯烧杯 7 个。

2. 试剂

0.100 mol·L^{-1} 氟化钠标准溶液：称取 4.1988g 氟化钠（GR），以去离子水溶解并稀释至 1L，摇匀，储于聚乙烯瓶中备用。

总离子强度调节缓冲液（TISAB）：取 500mL 水与 57mL 冰醋酸、58g NaCl、12g 二水合柠檬酸钠，搅拌至溶解。将烧杯放冷后，缓慢加入约 125mL 6mol·L^{-1} 的氢氧化钠溶液，测量该溶液的 pH 为 5.0～5.5，冷却至室温，转入 1000mL 容量瓶中，用去离子水稀释到刻度。

四、实验步骤

1. 调整仪器

氟电极接 pH 计的负端，饱和甘汞电极接 pH 计的正端，测量时应按下“-mV”键。

注意：

（1）测量前需用电阻在 3MΩ 以上的去离子水中浸泡活化 1h 以上，当测得其在纯水中的毫伏数小于−260mV 时，便可用于测量。

（2）测量时，单晶薄膜上不可附有气泡，以免干扰读数。

2. 标准曲线法

1）系列标准溶液的配制

用吸量管取 10mL 0.100mol·L^{-1} 氟化钠标准溶液和 10mL TISAB 溶液，在 100mL 容量瓶内用去离子水稀释至刻度，摇匀，并用逐级稀释法配制成浓度为 10^{-2}mol·L^{-1}、10^{-3}mol·L^{-1}、10^{-4}mol·L^{-1}、10^{-5}mol·L^{-1}、10^{-6} mol·L^{-1} 的氟化钠系列标准溶液。逐级稀释时，只需加入 9mL TISAB 溶液。

2）标准曲线的绘制

用滤纸吸去悬挂在电极上的水滴，然后用电极插入盛有浓度为 10^{-6} mol·L^{-1} 的氟化钠标准溶液的烧杯中，在磁力搅拌器上缓慢而稳定地搅拌。按下"读数"开关，读取电池电动势。

读取电动势读数时应考虑电极达到平衡电位所需的时间，溶液越稀，响应时间越长。在实际测量中，可在不断搅拌下做周期性测量，直至观察到稳定的电位。

依次测定 10^{-6}mol·L^{-1}、10^{-5}mol·L^{-1}、10^{-4}mol·L^{-1}、10^{-3}mol·L^{-1}、10^{-2}mol·L^{-1} 的氟化钠系列标准溶液的电动势，测定过程中应经常检查仪器是否处于正常工作状态。

3）饮用水样的测定

用移液管移取 50mL 饮用水样于 100mL 容量瓶中，加入 10mL TISAB 溶液，用去离子水稀释至刻度，摇匀。

清洗氟离子选择性电极，使其在纯水中测得的电动势为−260mV。

用滤纸吸去清洗后的电极悬挂着的水滴，插入盛有上述未知水样的烧杯中，搅拌数分钟，读取稳定的电动势。

3. 连续标准加入法

1）饮用水样的测定

在干燥、洁净的烧杯内，用移液管移取 50mL 已制作好的饮用水样（内已含 5mL TISAB 溶液），按上述方法测定电动势。

在搅拌条件下，加入 0.50mL 1.00×10^{-3}mol·L^{-1} 的氟化钠标准溶液，测量其电动势。按同样方法，再连续 3 次加入 0.50mL 1.00×10^{-3}mol·L^{-1} 的氟化钠系列标准溶液，并分别读取相应的电动势。

2）空白校正

取 10mL TISAB 溶液于 100mL 容量瓶中，用去离子水稀释至刻度，摇匀。吸取 50mL 该溶液于干燥、洁净的烧杯内，插入已清洗的氟离子选择性电极和参比电极，缓慢而稳定地搅拌且连续 4 次加入 0.50mL 1.00×10^{-3}mol·L^{-1} 的氟化钠系列标准溶液，每次读取相应的电动势。

五、数据处理

记录对氟化钠系列标准溶液所测得的电动势 E，并在坐标纸上作 E−lg[F$^-$]标准曲线。

记录未知试样溶液的电动势，并由标准曲线查得未知试样溶液中的氟离子浓度[F$^-$]，由下式计算饮用水中氟离子的含量。

$$W_{\mathrm{F}}=[\mathrm{F}^{-}]\times\frac{100}{50.0}\times M_{\mathrm{F}}\times1000$$

式中：W_F——每升饮用水样中氟离子的毫克数；

M_F——氟的相对原子质量。

比较两种方法测得水样中氟离子含量的结果，并进行简单的讨论。

六、思考题

（1）使用氟离子选择性电极时应注意哪些问题？

（2）TISAB 的组成是什么？它在测量中所起的作用是什么？

（3）溶液的 pH 对测定结果有何影响？

实验 18 乙酸的电位滴定分析及其解离常数的测定

一、实验目的

（1）学习电位滴定的基本原理和操作技术。

（2）运用 pH-V 曲线和(ΔpH/ΔV)-V 曲线与二级微商法确定滴定终点。

（3）学习测定弱酸解离常数的方法。

二、基本原理

乙酸为弱酸，其 pK_a=4.74，当以标准碱溶液滴定乙酸试液时，在化学计量点附近可以观察到 pH 的突跃。

以玻璃电极和饱和甘汞电极插入试液，即组成如下工作电池：

$$Ag|AgCl|HCl（0.1mol \cdot L^{-1}）|玻璃膜|HAc 试液 \| KCl（饱和）|Hg_2Cl_2|Hg$$

该工作电池的电动势在 pH 计上反映出来，并表示为滴定过程中的 pH。记录加入标准碱溶液的体积 V 和相应的被滴定溶液的 pH，然后由 pH-V 曲线或(ΔpH/ΔV)-V 曲线求得终点时消耗的标准碱溶液的体积。也可用二级微商法，于 Δ^2pH/ΔV^2-V 双曲线处确定终点。根据标准碱溶液的浓度、消耗的体积和试液的体积，即可求得试液中乙酸的浓度。

根据乙酸的解离平衡：

$$HAc \rightleftharpoons H^+ + Ac^-$$

其解离常数 K_a=[H^+][Ac^-] / [HAc]，当滴定分数为 50%时，[Ac^-] = [HAc]，此时 K_a= [H^+]，即 pK_a=pH，因此在滴定分数为 50%处的 pH，即为乙酸的 pK_a。

三、仪器和试剂

PHS-3C 型 pH 计、复合电极、容量瓶（100mL）、吸量管（5mL 和 10mL）、微量滴定管（10mL）、0.010mol·L^{-1} NaOH 标准溶液（浓度已标定）、乙酸试液（浓度约 1mol·L^{-1}）。

四、实验步骤

（1）按照仪器操作步骤调试仪器，将选择开关置于 pH 挡。

（2）将 pH 为 4.00（20℃）的标准缓冲溶液置于 100mL 小烧杯中，放入搅拌子，并使电极浸入标准缓冲溶液中，开动搅拌器，进行 pH 计定位，再以 pH 为 6.88（20℃）的标准缓冲溶液校核，所得读数与测量温度下缓冲溶液的标准 pH 之差应在（-0.005～+0.005）pH 之内。

（3）将待测定的乙酸溶液装入微量滴定管中，使液面在 0.00mL 处。

（4）吸取乙酸试液 10.00mL，置于 100mL 容量瓶中，稀释至刻度，摇匀。吸取稀释后的乙酸溶液 10.00mL，置于 100mL 烧杯中，加水至约 30mL。

（5）开动搅拌器，调节至适当的搅拌速度，进行粗测，即测量加入乙酸溶液 0mL，1mL，2mL，…，8mL，9mL，10mL 时各点的 pH。初步判断发生 pH 突跃时需要的乙酸体积范围（ΔV_{ex}）。

（6）重复步骤（4）、（5）操作，然后进行细测，即在化学计量点附近取较小的等体积增量，以增加测量点的密度，并在读取滴定管读数时，读准至小数点后第二位。在细测时于 $1/2\Delta V_{ex}$ 处适当增加测量点的密度，如 ΔV_{ex} 为 4～5mL，可测量加入 2.00mL，2.10mL，…，2.40mL 和 2.50mL NaOH 溶液时各点的 pH。

五、数据处理

1. 实验数据及计算粗测

实验数据（粗测）如表 2-9 所示。

表 2-9　实验数据（粗测）

V/mL	1	2	3	4	5	6	7	8	9	10
pH										

ΔV_{ex}=____mL。

2. 细测

（1）根据实验数据，计算 ΔpH/ΔV 和化学计量点附近的 ΔpH/ΔV，填入表 2-10 中。

表 2-10　实验数据（细测）

V/mL	
pH	
ΔpH/ΔV	
Δ^2pH/ΔV^2	

（2）于方格纸上作 pH-V 和(ΔpH/ΔV)-V 曲线，找出终点体积。

（3）用内插法求出 ΔpH/ΔV=0 处乙酸溶液的体积。

（4）计算原始试液中乙酸的含量，以 g·L^{-1} 为单位。

（5）在 pH-V 曲线上，查出体积相当于 $1/2\Delta V_{ex}$ 的 pH，即为乙酸的 pK_a。

六、思考题

（1）在测定乙酸含量时，为什么采用粗测和细测两个步骤？

（2）细测 K_a 时，为什么在 $1/2\Delta V_{ex}$ 处增加测量密度?

实验 19　永停滴定法测定磺胺嘧啶的含量

一、实验目的

（1）掌握永停滴定法的操作。

（2）掌握重氮化滴定中永停滴定法的原理。

二、实验原理

磺胺嘧啶是芳香伯胺类药物，它在酸性溶液中可与 $NaNO_2$ 定量完成重氮化反应而生成重氮盐，反应式如下：

$$\text{(2-嘧啶基)}-NHSO_2-C_6H_4-NH_2+NaNO_2+2HCl \longrightarrow$$

$$\text{(2-嘧啶基)}-NHSO_2-C_6H_4-N\equiv N^+Cl^-+NaCl+H_2O$$

化学计量点后溶液中少量的 HNO_2 及其分解产物 NO 在有数十毫伏外加电压的两个铂电极上有如下反应。

阳极：

$$NO+H_2O \rightleftharpoons NHO_2+H^++e^-$$

阴极：

$$HNO_2+H^++e^- \rightleftharpoons H_2O+NO$$

因此在化学计量点时，滴定电池中由原来无电流通过变为有恒定电流通过。

三、实验步骤

1. 安装永停滴定装置

本实验所用外加电压为 30～60mV。

2. 0.1mol·L^{-1} $NaNO_2$ 溶液的配制和标定

1）配制

取 $NaNO_2$ 7.2g，加无水碳酸钠 0.10g，加水溶解并定容至 1000mL，摇匀。

2）标定

取在 120℃干燥至恒重的基准对氨基苯磺酸约 0.5g，精确称重。加水 30mL 与浓氨试液 3mL 后，加盐酸 20mL，搅拌。在 30℃以下用 $NaNO_2$ 溶液迅速滴定。滴定时将滴定管的尖端插入液面下约 2/3 处，近终点时，将滴定管尖提出液面，用少量蒸馏水冲洗管尖，冲洗液并入溶液中，继续滴定，直至检流计发生明显偏转不再回复，即达终点。每 1mL $NaNO_2$ 标准溶液（0.1mol·L^{-1}）相当于 17.32mg 对氨基苯磺酸。根据 $NaNO_2$ 溶液的消耗量与对氨基苯磺酸的用量，算出 $NaNO_2$

溶液的浓度。将 $NaNO_2$ 溶液置具玻璃塞的棕色瓶中，密封保存。

3. 磺胺嘧啶的测定

精密称取磺胺嘧啶约 0.5g，加盐酸 10mL 使之溶解，再加蒸馏水 50mL 及溴化钾 1g，在电磁搅拌器搅拌下用 $NaNO_2$ 标准溶液（$0.1mol \cdot L^{-1}$）滴定。将滴定管的尖端插入液面下约 2/3 处，近终点时，将滴定管尖提出液面，用少量蒸馏水冲洗管尖，冲洗液并入溶液中。继续滴定，直至检流计发生明显偏转，即达终点。在近终点同时蘸取溶液少许，点在淀粉-碘化钾试纸上确定终点。记录终点时所用 $NaNO_2$ 标准溶液的体积。

重复上述实验，不加溴化钾，比较终点情况。

4. 注意事项

（1）电极活化。铂电极在使用前浸泡于含数滴 $FeCl_3$ 溶液（$0.5mol \cdot L^{-1}$）的浓 HNO_2 中 30min，临用时用水冲洗。

（2）严格控制外加电压。

（3）酸度：盐酸浓度一般在 1～$2mol \cdot L^{-1}$ 为宜。

（4）温度不宜过高，滴定管插入液面 2/3 处使滴定速度略快，使重氮化反应完全。

四、数据处理

每 1mL $NaNO_2$ 标准溶液（$0.1mol \cdot L^{-1}$）相当于 25.03mg 的磺胺嘧啶（$C_{10}H_{10}N_4O_2S$），按下式计算磺胺嘧啶的含量。

$$\text{磺胺嘧啶的含量} = \frac{c_{NaNO_2} \times V_{NaNO_2} \times 0.2503}{S} \times 100\%$$

式中：S——称取样品的质量；

c_{NaNO_2} ——$NaNO_2$ 溶液的浓度；

V_{NaNO_2} ——$NaNO_2$ 溶液的体积。

五、思考题

（1）通过实验比较淀粉-KI 指示剂法与永停滴定法的优缺点。

（2）滴定过程中若用过高的外电压会出现什么现象？

（3）实验中加溴化钾的目的何在？

实验 20　库仑滴定法测定维生素 C 药片中维生素 C 的含量

一、实验目的

（1）学习和掌握库仑滴定法的基本原理。

（2）掌握库仑分析仪的使用方法和有关操作技术。

（3）学习和掌握库仑滴定法测定维生素 C 的实验方法。

二、实验原理

采用KI为支持电解质，在酸性环境中恒电流条件下进行电解产生I_2，利用I_2与维生素C反应测定维生素C的含量。

电解反应如下。

阴极：

$$2H_2O+2e^- = H_2\uparrow+2OH^-$$

阳极：

$$2I^- = I_2+2e^-$$

滴定反应：

$$I_2+\text{维生素C} = \text{维生素C的还原产物}+2I^-$$

记录从电解开始到溶液中维生素C恰好完全反应所消耗的电量，即可求出维生素C含量。

三、实验步骤

1. 试液的配制

取市售维生素C一片，称重，转入烧杯中，用5mL 0.1mol·L^{-1} HCl溶解并转入50mL容量瓶中，以二次水清洗烧杯，并用之稀释至刻度，摇匀，放置至澄清，备用。

2. 电解液的配制

取5mL 2mol·L^{-1} KI（1.66g）、10mL 0.1mol·L^{-1} HCl，置于库仑池中，用二次水稀释至60mL，用电磁搅拌器搅拌均匀，取少量电解液注入砂芯隔离的电极内，并使液面高于库仑池的液面。

3. 调节仪器

调节“补偿计划电位”在0.4mV左右，量程选择10mA，将所有键全部抬起，电源预热30min。

4. 接线

电解阳极接电解池的双铂片电极，阴极接铂丝电极，将“工作/停止”开关置“停止”挡，指示电极的两个夹子分别接在指示线路的两个独立铂片上。

5. 校正终点

滴入数滴维生素C试液于库仑池内，启动电磁搅拌器，按下“启动”键，将“停止/工作”开关置“工作”挡，按“电解”开关，终点指示灯灭，电解开始，电解到终点时指示灯亮，电解自动停止。将“工作/停止”开关置于“停止”挡，弹开“启动”键，显示数码自动回零。

6. 定量测定

准确称取0.50mL澄清试液于库仑池中，搅拌均匀后在不断搅拌下重新按下“启动”键，将“停止/工作”开关置“开始”挡，按“电解”开关，进行电解滴定，电解到终点时指示灯亮，电解自动停止，记录库仑仪示数，单位为mC。将“工作/停止”开关置于“停止”挡，弹开“启动”键，显示数码自动回零。

7. 重复测定

电量取平均值。

8. 复原仪器

将所有键弹起，关闭电源，洗净库仑池，存放备用。

四、数据处理

由 Vc～I_2～$2e^-$，知得失电子数为2，即 n=2。

$$维生素C的含量=100MQ/(nFm_s)\times 100\%$$

式中：M——摩尔质量；
Q——消耗的电量；
F——法拉第常数；
m_s——称取的样品质量。

五、思考题

（1）进行库仑滴定分析的前提条件是什么？
（2）库仑滴定分析中造成误差的可能原因是什么？

实验21　循环伏安法测定铁氰化钾的电极反应过程

一、实验目的

（1）学习循环伏安法测定电极反应参数的基本原理及方法。
（2）学会使用伏安仪。
（3）掌握用循环伏安法判断电极反应过程的可逆性。

二、实验原理

循环伏安法是重要的电分析化学研究方法之一。其设备价廉、操作简便、图谱解析直观，能迅速提供电活性物质电极反应过程的可逆程度、化学反应历程、电极表面吸附等许多信息，是电分析化学的首选方法。

循环伏安法是将循环变化的电压施加于工作电极和参比电极之间，记录工作电极上得到的电流与施加电压的关系曲线。这种方法也常称为三角波线性电位扫描方法。施加电压的变化方式：起扫电位为+0.8V，反向/起扫电位为−0.2V，终点又回扫到+0.8V。

当工作电极被施加的扫描电压激发时，其上将产生响应电流。以该电流（纵坐标）对电位（横坐标）作图，就得到循环伏安图，据此进行分析和判断。

三、仪器和试剂

（1）电化学工作站。

（2）三电极系统（工作电极、辅助电极、参比电极）。

（3）铁氰化钾标准溶液（$5.0\times10^{-2}mol\cdot L^{-1}$）、硝酸钾溶液（$0.1mol\cdot L^{-1}$）。

四、实验步骤

（1）打开电化学工作站和计算机的电源（具体见操作说明）。

（2）工作电极抛光：用 Al_2O_3 粉将玻碳电极表面抛光，然后用蒸馏水清洗，待用。

（3）记录铁氰化钾试液浓度与电流的关系：在 10mL 的小烧杯中，移取 $0.1mol\cdot L^{-1}$ 的 KNO_3 溶液 5.0mL，置电极系统于其中，再连续准确加入铁氰化钾标准溶液。记录伏安图。

（4）记录扫描速度与电流的关系：使用上述溶液，记录扫描速度为 $20mV\cdot s^{-1}$、$60mV\cdot s^{-1}$、$120mV\cdot s^{-1}$、$160mV\cdot s^{-1}$、$200mV\cdot s^{-1}$ 的伏安图。

五、结果处理

（1）计算阳极峰电位与阴极峰电位的差 ΔE。

（2）计算相同实验条件下阳极峰电流与阴极峰电流的比值 i_{pa}/i_{pc}。

（3）在相同浓度的 $K_3Fe(CN)_6$ 下，以阴极峰电流或阳极峰电流对扫描速度的平方根作图，说明二者之间的关系。

（4）相同扫描速度下，以阴极峰电流或阳极峰电流对 $K_3Fe(CN)_6$ 的浓度作图，说明二者之间的关系。

（5）根据实验结果说明 $K_3Fe(CN)_6$ 在 KNO_3 溶液中电极反应过程的可逆性。

六、思考题

（1）结合本实验说明阳极溶出伏安法的基本原理。

（2）溶出伏安法为什么有较高的灵敏度？

实验22　气相色谱法对甲醇、乙腈混合物的分离和定量分析

一、实验目的

（1）掌握气相色谱法分离两组分混合物的方法和原理。

（2）了解气相色谱仪的基本结构及操作步骤。

（3）练习用归一化法定量测定混合物中各组分的含量。

二、实验原理

1. 分离与分析技术

色谱法是一种分离技术。试样混合物的分离过程就是试样中各组分在色谱分离柱中的两相间不断进行分配的过程。其中的一相固定不动，称为固定相；另一相是携带试样混合物流过此固定相的流体（气体或液体），称为流动相。

2. 气相色谱的分类及特点

气相色谱的流动相为气体（称为载气）。按固定相的不同，气相色谱又分为气固色谱和气液色谱。气相色谱法不适用于高沸点、难挥发、热不稳定物质的分析，对被分离组分的定性较为困难。

3. 气相色谱装置

气相色谱装置如图 2-6 所示。

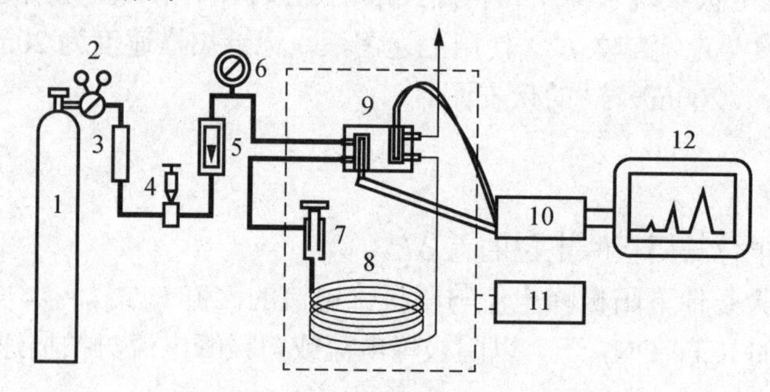

图 2-6　气相色谱装置图

1—载气钢瓶；2—减压阀；3—净化干燥管；4—针形阀；5—流量计；6—压力表；7—进样口；8—色谱柱；9—热导检测器；10—放大器；11—温度控制器；12—记录仪

4. 定性方法

（1）利用保留值定性：通过对比试样中具有与纯物质相同保留值的色谱峰，来确定试样中是否含有该物质及其色谱峰在色谱图中的位置。该法不适用于不同仪器上获得的数据之间的对比。

（2）利用加入法定性：将纯物质加入试样中，观察各组分色谱峰的相对变化。

（3）利用文献保留值定性。

5. 定量分析

1）归一化法

若试样中含有 n 个组分，且各组分均能洗出色谱峰，则其中某个组分的含量可按下式计算：

$$c_i = \frac{m_i}{m_1 + m_2 + \cdots + m_n} \times 100\% = \frac{f_i' \cdot A_i}{\sum_{i=1}^{n}(f_i' \cdot A_i)} \times 100\%$$

式中：c_i——组分 i 的质量分数；

m_i——组分 i 的质量；

A_i——i 组分峰面积；

f_i'——相对质量校正因子。

归一化法的特点如下：

（1）简便、准确。

（2）进样量的准确性和操作条件的变动对测定结果影响不大。

（3）仅适用于试样中所有组分全出峰的情况。

2）内标法

内标法是在一定试样中加入一定量的内标物，根据待测组分和内标物的峰面积及质量计算待测物质含量的方法。

内标物要满足以下要求：

（1）试样中不含有该物质。

（2）与被测组分性质比较接近。

（3）不与试样发生化学反应。

（4）出峰位置应位于被测组分附近，且无其他组分峰影响。

试样配制：准确称取一定量的试样 W，加入一定量内标物 m_s。

计算式：

$$\frac{m_i}{m_s}=\frac{f_i'A_i}{f_s'A_s};\quad m_i=m_s\frac{f_i'A_i}{f_s'A_s}$$

$$c_i=\frac{m_i}{W}\times 100\%=\frac{m_s\dfrac{f_i'A_i}{f_s'A_s}}{W}\times 100\%=\frac{m_s}{W}\cdot\frac{f_i'A_i}{f_s'A_s}\times 100\%$$

式中：m_s——内标物质量；

A_s——内标组分峰面积；

f_s'——内标物相对质量校正因子。

内标法的特点如下：

（1）准确性较高，操作条件和进样量的稍许变动对定量结果的影响不大。

（2）每个试样的分析都要进行两次称量，不适合大批量试样的快速分析。

（3）若将内标法中的试样取样量和内标物加入量固定，则

$$c_i=\frac{A_i}{A_s}\times 常数\times 100\%$$

三、仪器与试剂

（1）气相色谱仪、热导检测器、微量注射器（1μL）。

（2）色谱柱：2m×5mm。

（3）固定相：15%邻苯二甲酸二壬酯。

（4）102 白色担体（60～80 目）。

（5）载气：氮气。

（6）甲醇、乙腈。乙腈的甲醇溶液：甲醇浓度分别为 10^{-3}mol·L^{-1}、4×10^{-3}mol·L^{-1}、6×10^{-3}mol·L^{-1}、8×10^{-3}mol·L^{-1}、10^{-4}mol·L^{-1}、10^{-2}mol·L^{-1}。

四、仪器操作步骤

（1）打开计算机主机，再打开气相色谱的模块，启动工作站并初始化仪器。

（2）开机调试，按下列参考色谱条件将仪器调至所需工作状态。

气化室温度：180℃。柱温：100℃。检测器温度：200℃。电流：120mA。载气：氮气。流速：40mL·min^{-1}。纸速：1cm·min^{-1}、5cm·min^{-1}。衰减：自选。

（3）运行程序，清洗色谱柱，直至基线平稳，然后进样，进行测定。

（4）测定结束后，依次用纯水、100%甲醇洗涤20min，退出主程序，关闭计算机。

五、实验步骤

（1）定性分析。

① 仪器稳定后，用1μL注射器进混合样品和5mL空气，记录色谱图（Ⅰ）。在完全相同的条件下，分别进甲醇、乙腈的纯试剂，每次进样1μL试剂和5.0mL空气，记录色谱图（Ⅱ）。测定校正因子：进2.0mL二组分混合标准试剂和5.0mL空气，记录色谱图（Ⅲ）。混合物的定量：进1μL不同浓度的乙腈的甲醇溶液和5.0mL空气，记录色谱图（Ⅳ）。

② 数据处理：准确测量色谱图Ⅰ～Ⅳ各峰的保留时间t_R和死时间t_0，比较纯试剂、混合物中各峰的保留值，确定各峰是什么物质。

（2）计算甲醇和乙腈的校正保留时间和保留值。

（3）测量各峰的峰面积，以乙腈为标准，求出混合组分的相对质量校正因子（质量校正因子的文献值为甲醇0.58、乙腈1.31）。

（4）采用归一化法求出混合物中各组分的含量。

相对校正因子：

$$f' = \frac{A_s}{A_i} \times \frac{W_i}{W_s}$$

未知液中甲醇的含量：

$$W_i' = f' \times \frac{A_i'}{A_s'} \times W_s'$$

式中：W_i'，W_s'——混合物中试样质量和内标物质量；

A_i'，A_s'——试样和内标组分峰面积；

f'——相对质量校正因子。

六、思考题

（1）进样量准确与否是否会影响归一化法的分析结果？

（2）能否从理论上揭示本实验的出峰顺序？

（3）进样器为什么要充分洗涤？

实验23　气相色谱内标法测量无水乙醇中的微量水

一、实验目的

（1）了解气相色谱仪的使用方法。

（2）掌握气相色谱仪测定样品中微量水的方法。

（3）掌握内标法的原理。

（4）掌握热导检测器的工作原理。

二、实验原理

热导检测器是气相色谱仪广泛使用的一种通用型检测器。它结构简单、稳定性好、灵敏度适宜、线性范围宽，对许多物质均有响应，而且不破坏样品，多用于常量分析。

当含有测定组分的载气进入热导检测器时，测定组分与载气的热导率不同，破坏了原有的热平衡状态，使热导池热丝（铼钨丝）温度发生变化并通过惠斯通电桥测量出来。所得电信号的大小与组分在载气中的浓度成正比，经放大后，记录下来即得到色谱图。

内标法是选择样品中不含有的且已知质量的适宜物质作内标物，将其加入待测样品溶液中，以待测组分和内标物的峰高比或峰面积比作为定量参数求算样品含量的一种方法。

用气相色谱法测定有机物中的微量水分时，常选用聚合物固定相，如 GDX 系列。这类多孔高分子微球的表面无亲水基团，对氢键型化合物如水、醇等的亲和力很弱，一般按相对分子质量大小顺序出峰。水先出峰，有机物主峰在后，对测定水峰无干扰。本实验用 GDX-104 作固定相，属于气-固色谱法。以甲醇为内标物，用内标法定量。实验中，先进标准样，求出水对甲醇的峰面积相对校正因子，再进乙醇试样，求出乙醇试样中水的质量分数。

三、仪器和试剂

（1）气相色谱仪和色谱工作站（配热导检测器）及 10μL 微量进样针等。

（2）色谱柱：2m GDX-104 气相色谱柱。

（3）载气：高纯氢气（99.999%）。

（4）试剂与药品：无水甲醇（内标物）及待检无水乙醇等。

四、实验步骤

1. 溶液配制

准确量取 100mL 待检的无水乙醇，用减重法加入约 0.25g 无水甲醇，精密称定，摇匀。进样 6～10μL。

2. 色谱条件

流速：40～50mL。
柱温：120℃。
汽化室温度：150℃。
检测器温度：140℃。

3. 测定

（1）打开载气（高纯氢气）阀门，调节减压器示数约为 0.3MPa，然后用两个稳流阀进行并联双路的调节，用皂膜流量计调节流量为 40～50mL·min^{-1}。

（2）打开仪器电源，按色谱条件设定柱温箱温度、热导池温度、汽化室温度及过热保护温度（200℃）。

（3）调节数码电阻，设置桥温为 180℃，通入载汽 5min 后，打开热导电源开始升温。

（4）待温度（检测器、柱温箱及汽化室）都已达到要求后（需 20～30min）调节电位器至零点。取样品溶液 6～10μL，注入色谱仪，同时启动色谱工作站，记录色谱图。当色谱峰全部出柱后，停止记录，启动积分工具，记录峰高。

五、实验结果处理

（1）对乙醇中的微量水测定气相色谱图。
（2）对乙醇中的微量水测定气相色谱数据。
（3）处理实验数据。

六、思考题

（1）出峰顺序为空气、水、甲醇、乙醇，色谱机理是什么？
（2）为什么用甲醇作内标物？
（3）为什么用 H_2 作流动相？

实验 24　气相色谱法测定降水中的正构烷烃

一、实验目的

（1）练习工作站中色谱图数据的调用、谱图优化、积分优化的过程；比较两种不同积分器的积分结果，练习手动积分。
（2）了解如何优化色谱图与积分结果。
（3）掌握使用外标法校正的过程。

二、实验原理

用待测组分的纯品作对照物质，以对照物质和样品中待测组分的响应信号相比较进行定量的方法称为外标法。该法可分为工作曲线法及外标一点法等。工作曲线法是用对照物质配制一系列浓度的对照品溶液确定工作曲线，求出斜率、截距。在完全相同的条件下，准确进样与对照品溶液相同体积的样品溶液，根据待测组分的信号，从标准曲线上查出其浓度，或用回归方程计算。工作曲线法也可以用外标二点法代替。通常截距应为零，若不等于零，说明存在系统误差。工作曲线的截距为零时，可用外标一点法（直接比较法）定量。

外标法是用一种浓度的对照品溶液对比测定样品溶液中 i 组分的含量。将对照品溶液与样品溶液在相同条件下多次进样，测得峰面积的平均值，用下式计算样品中 i 组分的量：

$$W=A(W)/(A)$$

式中：W、A——在样品溶液进样体积中所含 i 组分的质量及相应的峰面积；

（W）及（A）——在对照品溶液进样体积中含纯品 i 组分的质量及相应峰面积。

外标法方法简便，不需用校正因子，无论样品中其他组分是否出峰，均可对待测组分定量。但该法的准确性受进样重复性和实验条件稳定性的影响。此外，为了降低外标法的实验误差，应尽量使配制的对照品溶液的浓度与样品中组分的浓度相近。

外标法是色谱分析中的一种定量方法，它不是把标准物质加入被测样品中，而是在与被测样品相同的色谱条件下单独测定，把得到的色谱峰面积与被测组分的色谱峰面积进行比较，求得被测组分的含量。外标物与被测组分同为一种物质，但要求它有一定的纯度，分析时外标物的浓度应与被测物的浓度相接近，以确保定量分析的准确性。

三、实验内容

（1）酸雨中提取正构烷烃，气相色谱运行样品及正构烷烃标准溶液。
（2）谱图积分优化。
（3）外标法定量。

四、数据记录与处理

将实验数据填入表2-11。

表2-11 实验数据记录

峰号	保留时间	面积（标准）	面积（增强）	面积（手动）
1				
2				
3				
4				
5				
6				

五、思考题

（1）气相色谱分离系统中，色谱柱是否越长越好？为什么？
（2）外标法是否要求严格准确进样？操作条件的变化对定量结果有无明显的影响？为什么？
（3）在哪些情况下，采用外标法定量较为适宜？

实验25 高效液相色谱柱效能的评定

一、实验目的

（1）了解高效液相色谱仪的基本结构。
（2）初步掌握高效液相色谱仪的基本操作方法。
（3）学习高效液相色谱柱效能的评定及分离度的测定方法。

二、实验原理

苯、萘、联苯分子非极性部分的总峰面积不同，缔合能力不同，其保留时间也不同。可通过计算色谱峰的理论塔板数及各个化学物质间的分离度，评价色谱柱的效能。

三、仪器和试剂

1. 仪器

高效液相色谱仪（带自动进样器或配置微量进样器）、分析天平。

2. 试剂

苯、萘、联苯（均为分析纯）、甲醇（色谱纯）、纯净水。

四、实验步骤

1. 色谱条件

色谱柱：C18，4.6mm×150mm，5μm。
流动相：甲醇-水（80∶20，体积比）。
流速：1mL·min^{-1}。
检测波长：254nm。
柱温：30℃。
进样量：10μL。

2. 操作步骤

（1）分别精密配制含苯、萘、联苯，浓度均为约 1mg·mL^{-1} 的 3 份对照品溶液各 10mL。
（2）分别精密吸取上述对照品溶液各 2mL，置于 10mL 容量瓶中，加流动相稀释，并定容至刻度，摇匀，得到含苯、萘、联苯的混合对照品溶液。
（3）按照上述色谱条件操作，进样，记录色谱图。
（4）计算各色谱峰的理论塔板数及各峰间分离度。

五、数据处理

（1）记录实验条件，测试各试样后记录苯、萘、联苯的峰值保留时间（t_R）、峰宽（W）、半峰宽（$W_{1/2}$），计算出各物质对应的理论塔板数（n）（表 2-12）。根据保留时间与峰宽信息，计算相邻物质的分离度。

表 2-12 实验数据记录

组分	试验号	t_R/min	W/min	$W_{1/2}$/min	n/（塔板·m^{-1}）
苯	1				
	2				
	平均				
萘	1				
	2				
	平均				
联苯	1				
	2				
	平均				

柱效计算：

$$n = 16\left(\frac{t_R}{W}\right)^2 = 5.54\left(\frac{t_R}{W_{1/2}}\right)^2$$

式中：t_R——峰值保留时间（min）；

$W_{1/2}$——半峰宽（min）；

W——峰宽（min）。

（2）分离度计算：

$$K=\frac{t_{R1}-t_{R2}}{(W_1-W_2)/2}=\frac{2(t_{R1}-t_{R2})}{W_1-W_2}$$

式中：t_{R1} 和 t_{R2}——相邻两组分的峰值保留时间（min）；

W_1 和 W_2——相邻两组分色谱峰的峰宽（min）。

六、思考题

（1）如何用实验方法判别色谱图上苯、萘、联苯的色谱峰归属？

（2）如何改变色谱条件，从而减小苯、萘、联苯的保留时间？

（3）若实验中的色谱峰无法完全分离，应如何改变实验条件？

实验 26　高效液相色谱的定性、定量方法

一、实验目的

（1）了解并熟悉高效液相色谱仪的工作流程。

（2）掌握高效液相色谱的定性方法。

（3）了解液相色谱检测器及色谱柱的分类。

二、实验原理

（一）高效液相色谱

1. 高效液相色谱仪的主要部件

高效液相色谱仪的主要部件包括储液罐、高压泵、梯度洗提装置、进样器、色谱柱、检测器等（图 2-7）。

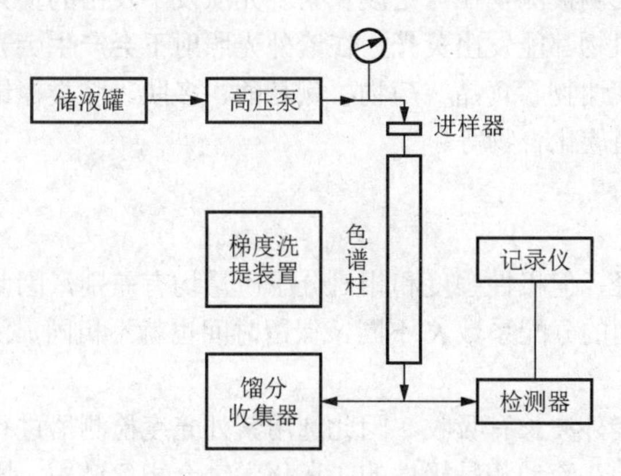

图 2-7　高效液相色谱组成示意图

2. 仪器流程

储液罐中储存的载液（常需除气）经过过滤后由高压泵输送到色谱柱入口。当采用梯度洗提装置时一般需用双泵系统来完成输送。样品由进样器注入载液系统，而后送到色谱柱进行分离。分离后的组分由检测器检测，输出信号输送至记录仪或数据处理装置。如果需收集馏分作进一步分析，则在色谱柱一侧出口将样品馏分收集起来。

3. 各部分功能

1）高压泵

高压泵一般为往复式柱塞泵，它是一种恒流泵。这种泵的特点是不受整个色谱体系中其余部分阻力稍有变化的影响，连续供给恒定体积的流动相；更换溶剂方便，很适用于梯度洗提。其不足之处是输出有脉冲波动，会干扰某些检测器（如示差折光检测器），但对紫外检测器的影响不大。

2）进样装置

带高压定量进样阀的进样装置是通过进样阀（常用六通阀）直接向压力系统内进样而不必停止流动相流动的一种进样装置。

3）色谱柱

目前液相色谱法常用的标准柱型是内径为4.6mm，长度为25cm的直形不锈钢柱。填料颗粒度为5～10μm，色谱柱的填料种类主要有—C18、—C8、—NH_2、—CN、—SO_3—、—COOH等。

4）检测器

紫外光度检测器是液相色谱法广泛使用的检测器，它的工作原理是被分析样品组分对特定波长紫外光的选择性吸收以及组分浓度与吸光度的关系遵守比尔定律。

这种检测器的特点：①灵敏度高；②最小检测浓度可达 $10^{-9}g\cdot mL^{-1}$；③对温度和流速不敏感，可用于梯度洗提；④结构简单；⑤不适用于对紫外光完全不吸收的试样。

示差检测器是通过对物质折光指数的测量来进行检测的，是一种通用型检测器。它的缺点是对温度变化非常敏感，不能用于梯度洗脱。

荧光检测器是通过检测被测物在一定波长紫外光激发下发出的荧光量来对被测物进行定量的。但并不是所有有机物都能发出荧光，在紫外光照射下会产生荧光的有机物，绝大多数为环状化合物，如某些代谢物、食品、药物、氨基酸、多肽、胺类、维生素、石油的高沸点馏分、生物碱、胆碱和甾族化合物等。

（二）分离原理

苯、甲苯都属于芳烃，但极性强度和相对分子质量均有差别，因此，它们在强极性的流动相与非极性固定相之间的分配系数 K 不同，保留时间也就不相同，混合样品因此而得以在色谱体系中被分离开。

由于苯、甲苯都对紫外波长有吸收，因此选用紫外光度检测器进行检测。在反相色谱系统里，固定相是非极性的，流动相是极性的。在化学键合相色谱中，固定相的配合基常是链长为2～18个碳原子的烷基。流动相一般为极性有机溶剂和水的混合溶液。以溶质极性减弱的次序洗脱，随着流动相极性的增强，保留值增大。

溶剂的组成对样品的保留值有非常深刻的影响，溶质保留值的大小是随洗脱液极性的减弱而下降的。当流动相组成一定时，样品在较长烷基配合基的固定相上的保留值较大。

在高效液相色谱中，定性方法有已知标准物定性、保留值经验定性、用不同色谱体系定性、离析色谱峰后用其他方法定性等。本实验采用已知标准物根据保留值定性的方法。

定量方法有归一化法、内标法、外标法等。本实验采用外标法定量。

标准曲线法即外标法，即配制已知浓度欲定量组分的标准溶液，测量各组分的峰高或峰面积，用峰高或峰面积对浓度作标准曲线。将欲测组分置于与标准物完全相同的分析条件下操作，将得到的峰面积或峰高用插入法与标准物的校正曲线作对照，就可得到组分的浓度。

数据处理部分用专用色谱软件——色谱工作站来处理，它可以方便地做集谱图自动积分、定量分析及分析自动化于一身，方便重复性操作。

三、仪器和试剂

色谱仪：戴安高效液相色谱仪。

色谱柱；C18，　4.6mm×200mm，5μm。

流动相：甲醇∶水=85∶15。

流速：$1.0mL\cdot min^{-1}$。

检测器：UV-254nm。

温度：室温。

数据处理器：Chromeleon 色谱工作站。

苯、甲苯标准溶液浓度区间：$0.0125\sim0.1mg\cdot mL^{-1}$。

四、实验步骤

（1）分别精密称取适量的苯、甲苯标准品于100mL容量瓶中，用甲醇溶解，并稀释至刻度，作为标准溶液。

（2）取适量苯、甲苯混合样品于100mL容量瓶中，并用甲醇溶解至刻度，作为未知样。

（3）用超纯水（经0.22μm滤膜过滤）和甲醇（色谱纯）配制成比例为85∶15的混合溶液，作为流动相。

（4）依次打开色谱工作站、主机、脱气器及紫外光度检测器的电源开关。

（5）调整检测器波长在254nm处，观察色谱工作站中色谱图基线的情况。

（6）待基线平稳后，用微量进样器分别取20μL标准溶液，由进样阀进样，同时记录色谱图和保留时间。

（7）取未知样品20μL进样，记录色谱图和保留时间。

五、数据处理

（1）根据得到的标准曲线、色谱图与保留时间（表2-13），在未知样品色谱图中确定每个峰的归属。

表 2-13　实验数据记录

标准品	苯	甲苯
标准保留时间/min		
未知混合样品	1 号峰	2 号峰
样品保留时间/min		
各峰对应的组分		

（2）打印出相应的色谱图。

注意事项

（1）要注意观察泵的压力值，如有异常，要及时停泵。
（2）使用微量注射器时要注意取量的准确性。
（3）注射样品至进样阀时，要将注射器推到阀的底部。

六、思考题

（1）根据分离原理的不同，高效液相色谱法可分为几类？
（2）流动相使用前需要做哪些准备工作？

实验 27　液相色谱法分离测定奶茶、可乐中的咖啡因

一、实验目的

（1）了解高效液相色谱仪的结构（以安捷伦 1260 为例）及基本操作。
（2）了解色谱分离的基本原理，尤其是反相色谱的基本规律。
（3）掌握色谱的基本定性方法及标准曲线定量方法。

二、实验原理

咖啡因又称咖啡碱，属黄嘌呤衍生物，化学名称为 1,3,7-三甲基黄嘌呤，是从茶叶或咖啡中提取出的一种生物碱。它能兴奋大脑皮层，使人精神兴奋。咖啡中含咖啡因 1.2%～1.8%，茶叶中含咖啡因 2.0%～4.7%。可乐饮料、复方阿司匹林片均含咖啡因。

本实验采用液相色谱中的反相分配色谱，反相分配色谱使用非极性填料分析柱（如 ODS-C18），流动相采用极性较强的溶剂（如甲醇和水）。反相分配色谱的原理：样品在固定相和流动相中的分配系数不同而得以分离。根据标准样品的保留时间进行定性，以峰面积对浓度绘制的工作曲线定量。

三、仪器和试剂

1. 仪器

安捷伦 1260 型液相色谱仪：真空在线脱气装置、四元梯度泵、多波长检测器、ODS-C18

柱、超声器（用于样品溶解、流动相脱气、玻璃器皿清洗）。

2. 试剂

甲醇（色谱纯）、水（超纯水）、咖啡因标样、奶茶、可乐。

四、实验步骤

1. 确定实验条件

打开计算机，等计算机启动完毕后，依次打开输液泵、真空在线脱气装置、柱温箱、检测器的开关。然后设定操作条件。流动相：甲醇∶水＝60∶40。总流速：$0.5mL \cdot min^{-1}$。设定在 254nm 波长下进行检测。柱温：30℃。流动相的比例可以根据实验内容的需要在控制单元中修改。

2. 样品制备

将可乐、奶茶倒入烧杯，放在超声器中进行超声脱气，去除奶茶、可乐中溶解的空气及大量二氧化碳气体。将脱气后的可乐溶液稀释 5 倍后，通过 0.45μm 的滤膜过滤，转移至定量管中备用。将脱气后的奶茶溶液用甲醇稀释 5 倍后，离心，取上层清液通过 0.45μm 的滤膜过滤后，转移至定量管中备用。

准确称量 10mg 咖啡因，用甲醇溶解于 10mL 的容量瓶中作为母液，再分别从母液中移取 0.25mL、0.5mL、1mL、2mL、3mL 溶液至容量管中，然后分别稀释至 10mL。

3. 样品测定

（1）依次将咖啡因标准溶液进样 5μL（利用六通阀进样器的定量管进行准确定量），以得到咖啡因在此色谱条件下的保留时间及各个浓度下咖啡因的峰面积。

（2）将未知浓度可乐、奶茶溶液进样 5μL，以分别获得两溶液中咖啡因的保留时间及峰面积。

4. 关机

用纯甲醇冲洗色谱柱约半小时，观察基线平稳后，可在工作站上关闭输液泵、柱温箱、检测器，然后关闭工作站，再依次关闭仪器上监测器、柱温箱、输液泵的电源开关，关闭计算机。

五、数据处理

由咖啡因各标准溶液的实验结果，绘制峰面积-浓度标准曲线，再根据测得的未知咖啡因溶液的保留值和峰面积，从曲线上查出未知咖啡因溶液的实际浓度。

六、思考题

（1）反相分配色谱的分离原理是什么？

（2）简述液相色谱分析的优缺点。

实验 28　高效液相色谱法分析芳香类化合物

一、实验目的

（1）了解高效液相色谱仪的基本结构（以安捷伦 1100 为例）、原理及操作。
（2）了解色谱分离的基本原理和反相分配色谱的基本规律。
（3）掌握色谱的基本定性方法及归一化定量方法。

二、实验原理

以液体为流动相的色谱称为液相色谱，根据样品在两相分离过程的物理、化学原理不同可分为吸附色谱、分配色谱、凝胶色谱、离子色谱、亲和色谱等。本实验主要使用分配色谱。分配色谱即液液色谱，是基于样品分子在包覆于惰性载体上的固定相液体和流动相液体之间分配系数不同达到分配平衡的。色谱条件主要包括色谱柱、流动相组成与流速、色谱柱恒温箱温度、检测波长等。

芳香族化合物含有共轭双键，对 220nm、254nm 的紫外光有较强的吸收，可通过分配色谱分离检测，本实验采用反相高效液相色谱仪检测。

三、仪器和试剂

1. 仪器

安捷伦 1100 型液相色谱仪：真空在线脱气装置、四元梯度泵、多波长检测器、ODS-C18 柱。

2. 试剂

甲醇（色谱纯），水（超纯水），苯、萘、菲的甲醇溶液，苯、萘、菲的混合液。

四、实验步骤

1. 确定实验条件

打开计算机，等计算机启动完毕后，依次打开输液泵、真空在线脱气装置、柱温箱、检测器的开关。然后设定操作条件。流动相：甲醇∶水＝85∶15。总流速：$1.000 mL \cdot min^{-1}$。设定在 220nm、254nm 两个波长下进行检测。柱温：30℃。流动相的比例可以根据实验内容的需要在控制单元中修改。

2. 定性分析

等基线平稳后，依次将苯、萘、菲的甲醇溶液进样 5μL，测出 3 种标准物质的保留时间。将 3 种物质混合溶液进样 5μL，在同样的实验条件下，记录色谱曲线，确定各峰保留时间。

3. 流动相组成对混合样保留时间的影响

设定开始时流动相甲醇∶水=80∶20，平衡至基线稳定后开始进样，完成一次梯度（表 2-14）洗脱后，用甲醇∶水=80∶20 的流动相平衡约 10min，开始第二次梯度（表 2-15）洗脱。

表 2-14　梯度条件 1

时间/min	溶剂组成
0	组分 A：80.0% 组分 B：20.0%
4	组分 A：90.0% 组分 B：10.0%
5	组分 A：100.0% 组分 B：0.0%

表 2-15　梯度条件 2

时间/min	溶剂组成
0	组分 A：80.0% 组分 B：20.0%
3	组分 A：90.0% 组分 B：10.0%
4	组分 A：100.0% 组分 B：0.0%

4. 关机

用纯甲醇冲洗色谱柱约半小时，基线平稳后在工作站上关闭输液泵、柱温箱、检测器，然后关闭工作站，依次关闭仪器上检测器、柱温箱、输液泵的电源开关，关闭计算机。

五、数据处理

（1）将实验测得的各峰的保留时间与各标准物质的保留时间对比，确定每个色谱峰各对应何种物质。

（2）在确定每个色谱峰代表何种物质的基础上，把每个峰的面积经过对应物质的校正因子校正后，进行归一化计算。

（3）根据实验结果总结流动相组成对保留时间的影响。

六、思考题

（1）反相分配色谱的基本规律是什么？为什么有这样的规律？

（2）反相分配色谱中流动相的组成对保留时间的影响如何？

（3）在什么情况下，可以用面积归一化法做定量分析？有什么优缺点？

（4）梯度洗脱对样品分离有什么优点？

第3章

仪器分析综合实验

实验29 工业循环冷却水中磷含量的测定

一、实验目的

（1）掌握工业循环冷却水中各种磷酸盐和总磷酸盐测定的基本原理和方法。

（2）学习试样的氧化消解法。

（3）学习紫外-可见分光光度计的结构原理和使用方法。

二、实验原理

用磷酸盐系水质稳定剂处理的循环冷却水中含有的磷酸盐主要有正磷酸盐（如磷酸三钠、磷酸氢二钠和磷酸二氢钠）、聚磷酸盐（如三聚磷酸钠、六偏磷酸钠等）和有机磷酸盐（如氨基三亚甲基膦酸、羟基-1,1-亚乙基二膦酸和乙二胺四亚甲基膦酸等）。正磷酸盐和聚磷酸盐之和称为总无机磷酸盐或简称总无机磷，而正磷酸盐、聚磷酸盐和有机磷酸盐三者之和称为总磷酸盐或简称总磷。一般情况下，需测定体系中正磷酸盐、总无机磷酸盐及总磷酸盐的含量。

在酸性条件下，正磷酸盐（PO_4^{3-}）与钼酸铵反应生成黄色的磷钼杂多酸，再用抗坏血酸还原成磷钼蓝，于710nm最大吸收波长处测量吸光度值。反应方程式如下：

$$12(NH_4)_2MoO_4 + H_2PO_4^- + 24H^+ \xrightarrow{KSbOC_4H_4O_6} [H_2PMo_{12}O_{40}]^- + 24NH_4^+ + 12H_2O$$

$$[H_2PMo_{12}O_{40}]^- \xrightarrow{C_6H_8O_6} H_3PO_4 \cdot 10MoO_3 \cdot Mo_2O_5$$

总无机磷酸盐的测定采用酸化蒸煮法，使聚磷酸盐水解成正磷酸盐（PO_4^{3-}），再用上述磷钼蓝比色法测定。

总磷酸盐的测定用强氧化剂在酸性条件下破坏有机膦，使其转化为正磷酸盐（PO_4^{3-}），并使聚磷酸盐也水解为正磷酸盐（PO_4^{3-}），然后用磷钼蓝比色法测定。

三、试剂与仪器

1. 试剂

（1）磷酸二氢钾。

（2）硫酸溶液（1∶1）、硫酸溶液（1∶3）、硫酸溶液（$0.5mol \cdot L^{-1}$）。

（3）抗坏血酸溶液（$20g\cdot L^{-1}$）：称取10g抗坏血酸、0.2g EDTA溶于200mL水中，加入8mL甲酸，用蒸馏水稀释至500mL，混匀，储存于棕色瓶中（有效期1个月）。

（4）钼酸铵溶液（$26g\cdot L^{-1}$）：称取13g钼酸铵、0.5g酒石酸锑钾（$KSbOC_4H_4O_6\cdot 1/2H_2O$）溶于200mL水中，加入230mL（1∶1）硫酸溶液，混匀，冷却后用水稀释至500mL，混匀，储存于棕色瓶中（有效期2个月）。

（5）磷标准溶液（$500\mu g\cdot mL^{-1}\ PO_4^{3-}$）：准确称取0.7165g预先在100～105℃干燥恒重的磷酸二氢钾，溶于500mL水中，转移至1L容量瓶中，稀释，定容，摇匀。

（6）磷标准溶液（$20\mu g\cdot mL^{-1}\ PO_4^{3-}$）：移取20.00mL $500\mu g\cdot mL^{-1}\ PO_4^{3-}$标准溶液于500mL容量瓶中，稀释，定容，摇匀。

（7）氢氧化钠溶液（$3mol\cdot L^{-1}$）：称取30g氢氧化钠，溶于250mL水中，摇匀，储存于塑料瓶中。

（8）酚酞指示剂：1%酚酞乙醇溶液。

（9）过硫酸钾溶液（$40g\cdot L^{-1}$）：称取20g过硫酸钾，溶于500mL水中，摇匀，储存于棕色瓶中（有效期1个月）。

2. 仪器

10UV-8000型紫外-可见分光光度计（配1cm比色皿）。

四、实验步骤

1. 正磷酸盐含量的测定

1）工作曲线的绘制

分别移取$20\mu g\cdot mL^{-1}\ PO_4^{3-}$磷标准溶液0.00（空白）、2.00mL、4.00mL、6.00mL、8.00mL于5个容量瓶中，依次加入约25mL水、2mL钼酸铵溶液、3mL抗坏血酸溶液，用水稀释至刻度，摇匀，室温下放置10min。显色稳定后，用1cm比色皿，以空白溶液为参比，在710nm波长处测量吸光度值。以测得的吸光度值为纵坐标，相对应的PO_4^{3-}量（μg）为横坐标绘制工作曲线。

2）未知水样中正磷酸盐的测定

移取过滤后的未知水样25.00mL于50mL容量瓶中，加入2mL钼酸铵溶液、3mL抗坏血酸溶液，用水稀释至刻度，摇匀，室温下放置10min。显色稳定后，用1cm比色皿，以上述步骤中的空白溶液为参比，在710nm波长处测量吸光度。以此吸光度值从工作曲线上查得对应的PO_4^{3-}量（μg）。

3）结果计算

以$mg\cdot L^{-1}$表示的试样中正磷酸盐（以PO_4^{3-}计）含量（ρ_1）为

$$\rho_1=\frac{m_1}{V_1}$$

式中：m_1——从工作曲线上查得的PO_4^{3-}量（μg）；

V_1——移取未知试样溶液的体积（mL）。

两次平行测定结果之差不大于$0.30mg\cdot L^{-1}$，取算术平均值为测定结果。

2. 总无机磷酸盐含量的测定

1）工作曲线的绘制

方法同“正磷酸盐含量的测定”。

2）未知水样中总无机磷酸盐的测定

移取过滤后的未知水样 10.00mL 于 50mL 容量瓶中，加入 2mL（1∶3）硫酸溶液，加水至约 25mL，摇匀，置于沸水浴中 15min，取出后流水冷却至室温。加入 1 滴酚酞溶液，用 $3mol \cdot L^{-1}$ NaOH 溶液滴加至溶液呈微红色后，再滴加 $0.5mol \cdot L^{-1}$ 的硫酸溶液至红色刚好消失。继续加入 2mL 钼酸铵溶液、3mL 抗坏血酸溶液，用水稀释至刻度，摇匀，室温下放置 10min。显色稳定后，用 1cm 比色皿，以不加试样的空白溶液为参比，在 710nm 波长处测量吸光度。以此吸光度从工作曲线上查得对应的 PO_4^{3-} 量（μg）。

3）结果计算

（1）以 $mg \cdot L^{-1}$ 表示的试样中总无机磷酸盐（以 PO_4^{3-}）含量（ρ_2）为

$$\rho_2 = \frac{m_2}{V_2}$$

式中：m_2——从工作曲线上查得的 PO_4^{3-} 量（μg）；

V_2—— 移取未知试样溶液的体积（mL）。

（2）以 $mg \cdot L^{-1}$ 表示的试样中三聚磷酸钠（$Na_3P_3O_{10}$）含量（ρ_3）为

$$\rho_3 = 1.291 \times \left(\frac{m_2}{V_2} - \frac{m_1}{V_1} \right)$$

式中：1.291—— PO_4^{3-} 换算为三聚磷酸钠的系数。

（3）以 $mg \cdot L^{-1}$ 表示的试样中六偏磷酸钠 $[(NaPO_3)_6]$ 含量（ρ_4）为

$$\rho_4 = 1.074 \times \left(\frac{m_2}{V_2} - \frac{m_1}{V_1} \right)$$

式中：1.074—— PO_4^{3-} 换算为六偏磷酸钠的系数。

两次平行测定结果之差不大于 $0.50mg \cdot L^{-1}$，取算术平均值为测定结果。

3. 总磷酸盐含量的测定

1）工作曲线的绘制

方法同“正磷酸盐含量的测定”。

2）未知水样中总磷酸盐的测定

移取过滤后的未知水样 5.00mL 于 100mL 锥形瓶中，加入 1mL $0.5mol \cdot L^{-1}$ 硫酸溶液、5mL 过硫酸钾溶液，加水至约 25mL，置于电炉上缓慢煮沸 15min 至溶液近蒸干。取出后流水冷却至室温，定量转移至 50mL 容量瓶中。加入 2mL 钼酸铵溶液、3mL 抗坏血酸溶液，用水稀释至刻度，摇匀，室温下放置 10min。显色稳定后，用 1cm 比色皿，以不加试样的空白溶液为参比，在 710nm 波长处测量吸光度。以此吸光度从工作曲线上查得对应的 PO_4^{3-} 量（μg）。

3）结果计算

（1）以 $mg \cdot L^{-1}$ 表示的试样中总磷酸盐（以 PO_4^{3-} 计）含量（ρ_5）为

$$\rho_5 = \frac{m_3}{V_3}$$

式中：m_3——从工作曲线上查得的 PO_4^{3-} 量（μg）；

V_3——移取未知试样溶液的体积（mL）。

（2）以 $mg \cdot L^{-1}$ 表示的羟基-1,1-亚乙基二膦酸含量（ρ_6）为

$$\rho_6 = 1.085 \times \left(\frac{m_3}{V_3} - \frac{m_2}{V_2}\right)$$

式中：1.085——PO_4^{3-} 换算为羟基-1,1-亚乙基二膦酸的系数。

（3）以 $mg \cdot L^{-1}$ 表示的羟基-1,1-亚乙基二膦酸二钠含量（ρ_7）为

$$\rho_7 = 1.548 \times \left(\frac{m_3}{V_3} - \frac{m_2}{V_2}\right)$$

式中：1.548——PO_4^{3-} 换算为羟基-1,1-亚乙基二膦酸二钠的系数。

（4）以 $mg \cdot L^{-1}$ 表示的氨基三亚甲基膦酸含量（ρ_8）为

$$\rho_8 = 1.050 \times \left(\frac{m_3}{V_3} - \frac{m_2}{V_2}\right)$$

式中：1.050——PO_4^{3-} 换算为氨基三亚甲基膦酸的系数。

（5）以 $mg \cdot L^{-1}$ 表示的乙二胺四亚甲基膦酸含量（ρ_9）为

$$\rho_9 = 1.148 \times \left(\frac{m_3}{V_3} - \frac{m_2}{V_2}\right)$$

式中：1.148——PO_4^{3-} 换算为乙二胺四亚甲基膦酸的系数。

（6）以 $mg \cdot L^{-1}$ 表示的乙二胺四亚甲基膦酸钠含量（ρ_{10}）为

$$\rho_{10} = 1.661 \times \left(\frac{m_3}{V_3} - \frac{m_2}{V_2}\right)$$

式中：1.611——PO_4^{3-} 换算为乙二胺四亚甲基膦酸钠的系数。

两次平行测定结果之差不大于 $0.50 mg \cdot L^{-1}$，取算术平均值为测定结果。

五、思考题

（1）磷酸盐在水中的存在形态可以分为哪几类？

（2）分述磷酸盐、总无机磷酸盐、总磷酸盐和有机膦酸盐的测定条件。

（3）有机膦酸盐降解不完全对磷的测定结果会造成什么影响？

实验 30　复方磺胺甲噁唑片的含量测定

一、实验目的

（1）掌握双波长分光光度法的基本原理。

（2）掌握复方制剂不经分离直接测定组分含量的方法。

（3）熟悉紫外分光光度仪的使用。

二、实验原理

当吸收光谱重叠的 a、b 两组分共存时，若要消除 b 组分对测定组分 a 的干扰，可在 b 组分的吸收光谱上选择两个吸光度相等的波长 λ_2 和 λ_1，其中 λ_2 为测定波长，λ_1 为参比波长，测量并计算混合物在两波长处吸光度的差值。该差值与待测物浓度成正比，而与干扰物的吸光度无关。这种方法称为双波长分光光度法。使用该法的基本要求：

（1）干扰组分吸收光谱中两个波长处吸收系数相同。

（2）在干扰组分两等吸收波长处，被测组分吸收系数有显著差异。

（3）直接测定混合物溶液在干扰组分两等吸收波长处的吸收度差值，则该差值与被测物浓度成正比，而与干扰物浓度无关。

用数学式表达如下：

$$\begin{aligned}\Delta A(\lambda_1,\ \lambda_2) &= (A_{a1}+A_{b1})-(A_{a2}+A_{b2})\\ &= A_{a1}-A_{a2}+A_{b1}-A_{b2}\\ &= \Delta E_a c_a L+\Delta E_b c_b L\end{aligned}$$

b 为干扰物，其在波长 λ_1、λ_2 处的 E_b 相等，$\Delta E_b=0$。

$\Delta A_{混}=\Delta E_a c_a L$，与干扰物浓度无关，与被测物浓度呈线性关系。

用双波长分光光度法测定复方磺胺甲噁唑片中的磺胺甲噁唑含量时，样品在 257nm、304nm 处的吸光度差值与磺胺甲噁唑浓度成正比，与共存的甲氧苄啶的浓度无关。

三、仪器和试剂

1. 仪器

Mettler AL204 电子天平、UV-8000 型紫外-可见分光光度计、移液管（25mL）、研钵、定量滤纸（直径 10cm）、容量瓶（25mL、100mL）。

2. 试剂

复方磺胺甲噁唑片（每片含磺胺甲噁唑 0.4g、甲氧苄啶 0.08g）、氢氧化钠、95%乙醇。

四、实验步骤

1. 工作标准曲线的制备

1）标准储备液的配制

精确称取 105℃干燥至恒重的磺胺甲噁唑标准对照品 0.1000g，置于 1000mL 容量瓶中，用乙醇溶解并定容。

2）磺胺甲噁唑的标准曲线绘制

取储备液 0mL、3mL、6mL、9mL、12mL、15mL 于 100mL 容量瓶中，用 $0.1\text{mol}\cdot\text{L}^{-1}$ NaOH 稀释并定容。在测定波长 257nm 和参比波长 304nm 处测定 ΔA，记录（表 3-1）并绘制标准曲线。

表 3-1 实验数据记录

标号	1	2	3	4	5	6
浓度	c_1	c_2	c_3	c_4	c_5	c_6
ΔA	A_1	A_2	A_3	A_4	A_5	A_6

2. 复方磺胺甲噁唑中磺胺甲噁唑的含量测定

取复方磺胺甲噁唑 10 片，研细。精确称取研细的粉末于 250mL 烧杯中（相当于试样中约含 125mg 磺胺甲噁唑），加入 95%乙醇 100mL 溶解，振摇 15min 使样品溶解，定量转移至 250mL 容量瓶中，用乙醇定容，过滤，弃去初滤液约 10mL，将续滤液收集于另一 250mL 容量瓶中，得到样品储备液。

移取样品储备液 2.00mL 于 100mL 容量瓶中，用 0.4%氢氧化钠溶液定容，得到样品溶液，进行测定。

记录结果并计算含量。

注意事项

（1）仪器的狭缝应小于 1nm，以保证单色光的纯度。

（2）操作过程中用对照品溶液核对吸光度相等的波长，且仪器波长的重现性应符合要求。

五、思考题

（1）当确定参比溶液时，干扰物如甲氧苄啶溶液是否需要精确配制？为什么？

（2）在选择实验条件时，是否应考虑赋形剂等辅料的影响？如何进行？

实验 31 沉淀电导滴定法测定水合氯化钡中钡的质量

一、实验目的

（1）掌握沉淀电导滴定法的基本原理。

（2）熟悉电导率仪的使用方法。

二、实验原理

水合氯化钡在空气中久置会因吸水或脱水而影响其使用，因此在使用前必须测定钡的质量分数。以往采用的质量分析法有以下不足之处：耗时长、消耗多、误差大，而采用沉淀电导滴定法不受沉淀和颜色的影响，可进行准确测量。

电解质溶液的电导率与溶液中离子的本性、离子的浓度及溶液的温度有关。在一定温度下，若离子的浓度或种类发生变化，溶液的电导率也随之改变。沉淀电导滴定法是利用溶液中离子的浓度和种类的变化，确定溶液电导率的变化规律，并利用电导率的转折点确定沉淀反应终点的分析方法。

以 Na_2SO_4 滴定 $BaCl_2$ 为例，溶液中发生如下沉淀反应：

$$Ba^{2+}+SO_4^{2-} \longrightarrow BaSO_4\downarrow$$

Ba^{2+}的导电能力大于两倍浓度的 Na^+。到达滴定终点前，由于 $BaSO_4$ 沉淀不参与导电，因此相当于两倍浓度的 Na^+替换了 Ba^{2+}，溶液的电导率随 Na_2SO_4 的加入而线性降低；滴定终点之后，相当于直接在 NaCl 水溶液中加入 Na_2SO_4，溶液的电导率线性升高。两条直线的交点即为滴定终点，利用直线方程联合求解即可求出滴定 Ba^{2+}所消耗的 Na_2SO_4 溶液的体积，根据标准 Na_2SO_4 溶液的浓度，即可计算出 $BaCl_2$ 中 Ba^{2+}的质量分数。

三、仪器和试剂

1. 仪器

数显式电导率仪（铂黑电极）、磁力搅拌器、烧杯、搅拌子、10.00mL 移液管若干、碱式滴定管、100mL 量筒、100.00mL 容量瓶，玻璃棒。

2. 试剂

无水 Na_2SO_4（分析纯）、$BaCl_2 \cdot 2H_2O$（分析纯）。

实验用水均为去离子水，电导率约为 $2.0\mu S \cdot cm^{-1}$。

四、实验步骤

（1）准确配制 $0.1000 mol \cdot L^{-1}$（以实际所用浓度为准）的氯化钡水溶液 100.00mL。

（2）移取 3.00mL 氯化钡水溶液，置于烧杯中，加 50mL 水，插入电极，使其完全浸没于水中，选择合适的量程。

（3）打开磁力搅拌器（缓慢搅拌，以免液体飞溅），用无水硫酸钠水溶液滴定氯化钡溶液，每次准确滴加 0.30mL，搅拌 30s 后，校正，然后测量，读数（每次测量前都要校正）。

（4）共滴加 20 次，作图时适当取舍并进行讨论。平行测定 3 次，计算钡的质量分数的平均值。

（5）实验结束后，关闭仪器，拔掉电源，清洗电极并将其浸泡在蒸馏水中。

五、思考题

（1）实现电导滴定的原始条件是什么？

（2）简述电导滴定法与容量滴定法的区别和联系。

实验 32　用废旧易拉罐制备明矾及其铝含量的测定

一、实验目的

（1）了解铝和氧化铝的两性性质及明矾的制备方法。

（2）掌握返滴定法。

二、实验原理

铝是一种两性元素，既与酸反应，又与碱反应。将其溶于浓氢氧化钠溶液，生成可溶性的四羟基合铝（Ⅲ）酸钠（$Na[Al(OH)_4]$），再用稀 H_2SO_4 调节溶液的 pH，可将其转化为氢氧化铝；氢氧化铝可溶于硫酸，生成硫酸铝。硫酸铝能同碱金属硫酸盐（如硫酸钾）在水溶液中结合成一类在水中溶解度较小的同晶的复盐，称为明矾[$KAl(SO_4)_2 \cdot 12H_2O$]。当冷却溶液时，明矾结晶出来。

制备明矾的化学反应如下：

$$2Al+2NaOH+6H_2O \longrightarrow 2Na[Al(OH)_4]+3H_2$$

$$2Na[Al(OH)_4]+H_2SO_4 \longrightarrow 2Al(OH)_3\downarrow+Na_2SO_4+2H_2O$$

$$2Al(OH)_3+3H_2SO_4 \longrightarrow Al_2(SO_4)_3+6H_2O$$

$$Al_2(SO_4)_3+K_2SO_4+12H_2O \longrightarrow 2KAl(SO_4)_2 \cdot 12H_2O$$

废旧易拉罐的主要成分是铝，因此本实验中采用废旧易拉罐代替纯铝制备明矾，也可采用铝箔等其他铝制品。

三、仪器和试剂

1. 仪器

100mL 烧杯两只，20mL、10mL 量筒各一只，普通漏斗，布式漏斗，抽滤瓶，表面皿，蒸发皿，水浴锅，电子天平。

2. 试剂

$3mol \cdot L^{-1}$ H_2SO_4 溶液、H_2SO_4 溶液（1∶1）、固体 $Na[Al(OH)_4]$、固体 K_2SO_4、易拉罐（实验前充分剪碎）、pH 试纸（1～14）、无水乙醇。

四、实验步骤

1. 四羟基合铝（Ⅲ）酸钠（$Na[Al(OH)_4]$）的制备

在电子天平上快速称取固体氢氧化钠 1g，迅速将其转移至 100mL 的烧杯中，加 20mL 水溶解。称取 0.5g 剪碎的易拉罐，将烧杯置于 70℃水浴中加热（反应剧烈，防止溅出），将易拉罐碎屑放入溶液中。待反应完毕后，趁热用普通漏斗过滤。

2. 氢氧化铝的生成和洗涤

在上述四羟基合铝（Ⅲ）酸钠溶液中加入 4mL 左右的 $3mol \cdot L^{-1}$ H_2SO_4 溶液（应逐滴加入），调节溶液的 pH 为 7～8，此时溶液中生成大量的白色氢氧化铝沉淀，用布氏漏斗抽滤，并用蒸馏水洗涤沉淀。

3. 明矾的制备

将抽滤后所得的氢氧化铝沉淀转入蒸发皿中，加 5mL H_2SO_4（1∶1），再加 7mL 水溶解，加入 2g 硫酸钾，加热至溶解（水浴 70℃）。将所得溶液在空气中自然冷却后，加入 3mL 无水乙醇。待结晶完全后，减压过滤，用 5mL 水-乙醇（1∶1）混合溶液洗涤晶体两次。将晶体用滤纸吸干，称重，计算产率。

4. 测量其产品的铝含量

在明矾试液中加入定量且过量的 EDTA 标准溶液，煮沸几分钟使 Al^{3+}与 EDTA 配位完全，继而以 pH 为 5～6 的二甲酚橙为指示剂，用 Zn^{2+}标准溶液返滴定过量的 EDTA，从而测定铝的含量。

五、思考题

（1）用 0.5g 纯的金属铝能生成多少克硫酸铝？这些硫酸铝需与多少克硫酸钾反应？
（2）若铝中含有少量铁杂质，在本实验中如何除去？

实验 33 食品中钙、镁、铁含量的测定

一、实验目的

（1）了解有关食品样品分解处理的方法。
（2）掌握食品样品中测定钙、镁、铁的方法。
（3）掌握实际样品中排除干扰的方法。
（4）运用所学过的知识设计有关食品样品中钙、镁、铁的综合测定方案，提高分析问题和解决问题的能力。

二、基本原理

大豆等干样品经粉碎，蔬菜等湿样品经烘干、灰化、灼烧、酸提取后，可采用络合滴定法测定钙、镁，用分光光度法测定铁。在碱性（pH 为 12）条件下，以钙指示剂指示终点，以 EDTA 为滴定剂，滴定至溶液由紫红色变蓝色，计算试样中钙含量。另取一份试液，用氨性缓冲溶液控制溶液 pH 至 10，以铬黑 T 为指示剂，用 EDTA 滴定至溶液由紫红色变蓝色为终点，由钙含量利用差减法得镁含量。试样中铁等干扰元素可用适量的三乙醇胺掩蔽消除。用邻二氮菲作显色剂，用可见光度法测定铁含量。

三、仪器和试剂

1. 仪器

721 型分光光度计、滴定管、移液管、烧杯、容量瓶、小烧杯等。

2. 试剂

$0.005mol \cdot L^{-1}$ EDTA 溶液、20% NaOH、pH 为 10 的氨性缓冲溶液、三乙醇胺（1∶3）、HCl(1∶1)、基准物质 $CaCO_3$、$100g \cdot mL^{-1}$ 铁标准溶液、0.15%邻二氮菲、10%盐酸羟胺、$1mol \cdot L^{-1}$

NaAc溶液。

钙指示剂：配成1∶100氯化钠固体粉末。

$1g\cdot L^{-1}$铬黑T指示剂：称取0.1g铬黑T溶于75mL三乙醇胺和25mL乙醇中。

四、实验步骤

1. 试样制备

将蔬菜洗净、晾干。称取适量可食用部分放入烘箱，于110℃温度下烘干后置于蒸发皿中（豆类用粉碎机粉碎后称取，其他干样品可直接称取），在煤气炉上灰化、炭化完全，置于650℃高温炉灼烧2h。取出冷却后，加入10mL HCl（1∶1）溶液浸泡20min，不断搅拌。静置，沉降，过滤，用250mL容量瓶盛接滤液，用蒸馏水洗沉淀、蒸发皿数次。定容、摇匀，待用。

2. EDTA溶液标定

用差减法准确称取0.10～0.12g基准物质$CaCO_3$于小烧杯中，用少量水润湿，盖上表面皿，从烧杯嘴处往烧杯中滴加5mL HCl（1∶1）溶液，使$CaCO_3$完全溶解。加水50mL，微沸几分钟以除去CO_2。冷却后用水冲洗烧杯内壁和表面皿。定量转移至250mL容量瓶中定容，摇匀。

用移液管移取钙标准溶液20.00mL于锥形瓶中，加水至100mL，加5～6mL 20% NaOH溶液，加少许钙指示剂，用EDTA标准溶液滴定至溶液由红色变为蓝色为终点。

3. 试样中钙、镁含量的测定

1）试样中钙、镁总量的测定

用移液管移取上述制备液20.00mL于锥形瓶中，加5mL三乙醇胺（1∶3），加水至100mL，加15mL pH为10的氨性缓冲溶液和2滴铬黑T指示剂，用EDTA标准溶液滴定至溶液由紫红色变蓝色为终点。

2）试样中钙含量的测定

用移液管移取上述制备液20.00mL于锥形瓶中，加5mL三乙醇胺（1∶3），加水至100mL，加5～6mL 20% NaOH溶液，加少许钙指示剂，用EDTA标准溶液滴定至溶液由红色变蓝色为终点。

用钙、镁总量减去钙含量可得镁含量。

4. 邻二氮菲光度法测定试样中铁含量

1）标准曲线的制作

在6个50mL比色管中，用刻度吸量管分别加入0.0mL、0.2mL、0.4mL、0.6mL、0.8mL、1.0mL $100\mu g\cdot mL^{-1}$铁标准溶液，分别加入1mL盐酸羟胺、2mL邻二氮菲、5mL NaAc溶液。每加入一种试剂都要摇匀，用水稀释到刻度，放置10min。用1cm比色皿，以试剂空白为参比，测量各溶液的吸光度。以铁含量为横坐标，以吸光度为纵坐标绘制标准曲线。

2）试样中铁含量的测定

准确移取适量试样制备液于比色管中，按标准曲线制作步骤显色，测定其吸光度值，在标准曲线上查出试样中铁的含量。

五、思考题

（1）常用食品样品分解处理的方法有哪些？

（2）如何避免实际样品测量时的干扰？

实验 34　分光光度法测定绿茶中总黄酮的含量

一、实验目的

（1）对绿茶中黄酮化合物进行研究。

（2）掌握提取总黄酮的方法。

二、实验原理

利用黄酮类化合物与金属离子形成的螯合物在 510nm 处有最大吸收，采用有机溶剂乙醇进行索氏提取，建立绿茶叶中总黄酮含量的测定方法。

三、仪器和试剂

（1）仪器：721 型分光光度计、电子天平、索氏提取器、温控电炉。

（2）试剂：95%乙醇、亚硝酸钠、硝酸铝、氢氧化钠；所用试剂均为分析纯，实验用水为二次蒸馏水；芦丁对照品（国家药品生物制品检定所制）。

（3）供试绿茶从市场上购买。

四、实验步骤

1. 样品溶液的制备

称取粉碎并于 40 目筛过筛的茶叶粉末样品 5g（精确到 0.0001g），置于索氏提取器中，加入 70%乙醇 90mL，连接索氏提取器回流装置，加热回流提取至索氏提取器内溶液清亮，并使圆底烧瓶内提取物大约为 5mL，停止加热。取下圆底烧瓶，将其溶液转移至 50mL 容量瓶，用 30%乙醇洗涤圆底烧瓶，洗涤液并入容量瓶，并用 30%乙醇定容至刻度，备用。

2. 校准曲线的绘制

以芦丁为标准品，准确配制芦丁浓度为 $0.1\text{mg}\cdot\text{mL}^{-1}$ 的 30%乙醇-水标准溶液。准确吸取该芦丁标准溶液 1.0mL、2.0mL、3.0mL、4.0mL、5.0mL，分别置于 10mL 具塞刻度的比色管中，各加入 30%乙醇至 5mL，分别加入 5%亚硝酸钠溶液 0.5mL，摇匀，静置 5min；加入 10%硝酸铝溶液 0.5mL，摇匀，静置 6min；再分别加入 4%氢氧化钠溶液 4mL，加入 30%乙醇至 10mL，静置 10min。

于 510nm 处测定吸光度。以浓度为横坐标，吸光度为纵坐标绘制校准曲线。

3. 样品的测定

将样品溶液稀释25倍后，精密量取1mL稀释溶液于10mL具塞刻度的比色管中，加入30%乙醇至5mL后，于510nm处测量吸光度。同时做空白试验，取1mL样品溶液于10mL具塞刻度的比色管中，加30%乙醇至刻度。根据样品溶液吸光度减去空白溶液吸光度的值，从校准曲线上读出溶液中总黄酮的浓度，然后计算其含量。

五、思考题

（1）在本实验中如何测定方法的相对标准偏差？

（2）如何进行回收率的测定和计算？

实验35　洗衣粉中表面活性剂的分析

一、实验目的

（1）学习用液-固萃取法从固体试样中分离表面活性剂。

（2）学习表面活性剂的离子型鉴定方法。

（3）学习用红外光谱法和核磁共振法测定表面活性剂的结构。

二、实验原理

1. 样品的预处理

洗衣粉除了以表面活性剂为主要成分外，还添加了三聚磷酸钠、纯碱、羧甲基纤维素等无机和有机助剂来增强去污能力，防止织物的再污染等。要将表面活性剂与洗衣粉中的其他成分分离开来，通常采用的方法是液-固萃取法，可用索氏提取器连续萃取，也可用回流法萃取。萃取剂可视具体情况选用95%的乙醇、95%的异丙醇、丙酮、氯仿或石油醚等。

2. 表面活性剂的离子型鉴定

表面活性剂的品种繁多，但按其在水中的离子形态可分为离子型表面活性剂和非离子型表面活性剂两大类。前者又可以分为阴离子型、阳离子型和两性型3种。鉴定表面活性剂的离子型有利于限定范围，便于对表面活性剂的分离、分析。

确定表面活性剂的离子型的方法很多，最常用的是酸性亚甲基蓝实验。染料亚甲基蓝溶于水而不溶于氯仿，它能与阴离子表面活性剂反应形成可溶于氯仿的蓝色络合物，从而使蓝色从水相转移到氯仿相。本法可以鉴定除皂类之外的其他广谱阴离子表面活性剂。非离子型表面活性剂不能使蓝色转移，但会使水相发生乳化；阳离子表面活性剂虽然也不能使蓝色从水相转移到氯仿相，但利用阴、阳离子表面活性剂的相互作用，可以用间接法鉴定。

3. 波谱分析法鉴定表面活性剂的结构

红外光谱、紫外光谱、核磁共振谱和质谱是分析有机化合物结构的主要工具。在表面活性剂的鉴定中，红外光谱的作用尤为重要。这是因为表面活性剂中的主要官能团均在红外光谱中产生特征吸收，据此可以确定其类型，借助于红外标准谱图可以进一步确定其结构。表面活性剂的疏水基团通常有一个长链烷基，该烷基的碳数不是固定的，而是一系列同系物。该烷基的碳数多少和分布的状况影响表面活性剂的性能。用红外光谱很难获得这方面的信息，而核磁共振谱测定比较有效。因为核磁共振氢谱中积分曲线高度比代表了分子中不同类型的氢原子数目之比，所以可用来测定表面活性剂疏水基团中碳链的平均长度。

三、仪器和试剂

器材：100mL 烧瓶 2 个、25mL 烧杯 2 个、5mL 带塞小试管 2 支、冷凝管、蒸馏头、接收管、沸石、水浴锅、研钵、天平、回流装置、蒸馏装置等。

仪器：红外分光光度计、核磁共振谱仪。

试剂：95%乙醇，无水乙醇，四氯化碳，四甲基硅烷，亚甲基蓝试剂，氯仿，阴、阳离子和非离子表面活性剂对照液。

四、实验步骤

1. 表面活性剂的分离

（1）取一定量的洗衣粉试样于研钵中研细，然后称取 2g 放入 100mL 烧瓶中，加入 30mL 乙醇。装好回流装置，打开冷却水，用水浴加热，保持乙醇回流 15min。

（2）撤去水浴。在冷却后取下烧瓶，静置几分钟，待上层液体澄清后，将上层提取的清液转移到 100mL 烧瓶中（小心倾倒或用滴管吸出）。

（3）重新加入 20mL 95%的乙醇，重复上述回流和分离操作，将两次提取液合并。

（4）在合并的提取液中放入几粒沸石，安装好蒸馏装置，用水浴加热，将提取液中的乙醇蒸出，直至烧瓶中残余 1～2mL 为止。

（5）将烧瓶中的蒸馏残余物定量转移到干燥并已称量的 25mL 烧杯中。

（6）将小烧杯置于红外灯下，烘去乙醇，称量并计算表面活性剂的含量。

计算公式如下：

$$洗衣粉中表面活性剂的含量=(W_1-W_2)/Q\times100\%$$

式中：Q——称取的洗衣粉的质量（g）；

W_1——空烧杯的质量（g）；

W_2——装有表面活性剂的烧杯质量（g）。

2. 表面活性剂的离子型鉴定

1）已知试样的鉴定

阴离子表面活性剂的鉴定：取亚甲基蓝溶液和氯仿各约 lmL，置于一带塞的试管中，剧烈振荡，然后放置分层，氯仿层无色。将浓度约 1%的阴离子表面活性剂试样逐滴加入其中，每加一滴剧烈振荡试管后静置分层，观察并记录现象，直至水相层无色，氯仿层呈深蓝色。

阳离子表面活性剂的鉴定：在上述实验的试管中，逐滴加入阳离子表面活性剂（浓度约 1%），每加一滴剧烈振荡试管后静置分层，观察并记录两相的颜色变化，直至氯仿层的蓝色重新全部转移到水相。

非离子表面活性剂的鉴定：另取一带塞的试管，依次加入亚甲基蓝溶液和氯仿各约 lmL，剧烈振荡，然后放置分层，氯仿层无色。将浓度约 1%的非离子表面活性剂试样逐滴加入其中，每加一滴剧烈振荡试管后静置分层，观察并记录两相颜色和状态的变化。

2）未知试样的鉴定

取少许从洗衣粉中提取的表面活性剂，溶于 2～3mL 蒸馏水中，按上述方法鉴定其离子类型。

取适量（约 10mg）洗衣粉溶于 5mL 蒸馏水中作为试样，重复上述操作，观察和记录现象。这样做的目的是考察洗衣粉中的其他助剂对此鉴定是否有干扰。

3. 表面活性剂的结构鉴定

1）红外光谱的测定

按照所用红外分光光度计的操作规程打开和调试好仪器。用液膜法制样，测定其红外光谱。在谱图上标出主要吸收峰的归属。

制样方法：用几滴无水乙醇将小烧杯中的试样（提取物）溶解，将试样的浓溶液滴在打磨透明的溴化钾盐片上，置于红外灯下烘去乙醇。

2）核磁共振氢谱的测定

按照所使用的核磁共振仪的操作规程调试好仪器，并测定 1H-NMR 谱。

配制样品的方法：在烘去溶剂的试样（提取物）中加入约 1mL 四氯化碳，搅拌使其充分溶解。小心将溶液转移到核磁样品管（直径为 5mm）中，溶液高度约为 30mm，然后滴加 2～3 滴四甲基硅烷的四氯化碳溶液。盖好盖子，振荡，使其混合均匀。

3）谱图解析

查阅红外标准谱图，判别红外吸收峰的归属（表 3-2）；通过核磁共振谱确认结构信息（表 3-3）。

表 3-2　红外吸收峰位置及对应的官能团

峰号	峰位置/cm^{-1}	峰强度	对应官能团
1			
2			
3			

表 3-3　核磁共振谱结构信息

峰号	化学位移/ppm	积分线高度	质子数	偶合裂分	结构信息
1					
2					
3					

五、思考题

（1）为什么用回流法进行液-固萃取时，烧瓶内可不加沸石？蒸馏时是否也可以不加沸石？

（2）本实验是否可用索氏提取器提取洗衣粉中的表面活性剂？试将回流法与其作一比较。

（3）本实验中，红外光谱制样时为什么要用无水乙醇作溶剂？用95%的乙醇是否可以？

（4）在核磁共振氢谱的测定中，加四甲基硅烷的作用是什么？

实验36　气相色谱法测定空气中的三甲基锡

一、实验目的

（1）学习用空气采样器采集空气中三甲基锡的方法。

（2）熟悉气相色谱法测定三甲基锡的条件。

二、实验原理

（1）在优化的分离条件下，实现对三甲基锡化合物的分离并以外标法测定某处空气中的三甲基锡化合物。

（2）经活性炭管采集、正辛烷解吸、格林试剂衍生化后，用气相色谱法测定三甲基锡。

三、仪器与试剂

（1）气相色谱仪（色谱柱为玻璃填充柱）、火焰离子化检测器、大气采样器。

（2）正辛烷、二甲基锡、三甲基锡、乙基格林试剂，均为分析纯。

四、实验步骤

1. 实验条件

色谱条件：柱温为65℃，汽化室温度为180℃，载气为高纯氮，流量为20mL·min^{-1}。

检测器：温度为170℃，空气流量为450mL·min^{-1}，氢气流量为40mL·min^{-1}。

2. 实验操作

1）标准曲线的绘制

取已配制的标准三甲基锡水溶液 1mL 放入分液漏斗，加入 3.7mol·L^{-1} 的乙基格林试剂 1mL，使反应完全后加入过量的 0.52mol·L^{-1} 硫酸溶液，消耗掉多余的乙基格林试剂，再加入少量的蒸馏水冲洗有机层，待两相分离后，取出上层有机相，置小样品瓶中，并用正辛烷稀释成不同浓度的标准衍生物溶液，各取 1μL 进样，测定峰面积。

2）空气中三甲基锡的采样及测定

串联两支活性炭管（第 2 级用于测定是否穿透第 1 级），连接大气采样器，以 3.0L·min^{-1} 的流量采样 10min。采集样品后，先将活性炭管用 5mL 正辛烷、1mL 二乙基二硫代氨基甲酸钠水溶液振摇后分离出有机相，进行衍生化（同步骤 1）），并定容，然后分别取 1μL 进样到气相色谱-火焰离子化检测器进行分析。

五、结果分析

1. 空气中三甲基锡的测定结果记录在表 3-4 中。

表 3-4　空气中三甲基锡的测定结果

编号	1	2	3	4
采样地点				
采样体积/L				
浓度/（$\mu g \cdot L^{-1}$）				

2. 精密度、准确度实验

取不同浓度的 4 种标准溶液进样 1μL，每种浓度进样平行测定 6 次，求相对标准偏差（RSD），同时在采样液中加标进行回收实验，并对结果进行统计学处理，如表 3-5 和表 3-6。

表 3-5　精密度实验结果

浓度/（$ng \cdot \mu L^{-1}$）	峰面积平均值/μV	标准差（S）	相对标准偏差	合并变异系数（CV）/%

表 3-6　准确度实验结果

项目	加标量/μg	回收量平均值/μg	回收率/%
低浓度			
中浓度			
高浓度			

六、思考题

（1）简述用空气采样器采集空气中三甲基锡的原理和方法。
（2）气相色谱法测定三甲基锡的条件有哪些？

实验 37　紫外-可见分光光度法测定柴胡中柴胡总皂苷的含量

一、实验目的

（1）学习柴胡药材中柴胡总皂苷含量的测定方法。
（2）熟悉紫外-可见分光光度计的使用。

二、实验原理

采用紫外-可见分光光度法，以柴胡皂苷 d 为对照品，在波长 536nm 处对样品中的总皂苷含量进行测定。

三、仪器与试剂

（1）电子分析天平、紫外分光光度计（UV8000）。

（2）柴胡皂苷 d 对照品、对二甲氨基苯甲醛、甲醇等均为分析纯，水为去离子水，柴胡于中药房购买。

四、实验步骤

1. 检测波长的选择

以甲醇配制一定浓度的柴胡皂苷 d 溶液，精密吸取 0.2mL，加入 0.1%对二甲氨基苯甲醛乙醇溶液 0.1mL，70℃反应 10min，放冷，加入磷酸 4.0mL，70℃反应 30min，依照紫外-可见分光光度法于波长 200～800nm 范围内进行扫描。在 536nm 处应有最大吸收峰，以确定检测波长。

2. 试样溶液的制备

取样品粉末 0.2g，加入 5%氨水甲醇溶液 25mL，加热回流提取 5h，取出，放冷，过滤，滤液挥干。残渣加水 30mL 溶解，置于分液漏斗中，用饱和正丁醇萃取 3 次，每次 30mL，合并正丁醇液，水浴挥干。残渣置分液漏斗中，用 5%氢氧化钠溶液洗 2 次，每次 50mL，正丁醇液水浴挥干。残渣用适量甲醇溶解，转移至 5mL 量瓶中，加甲醇稀释至刻度，摇匀，即得。

3. 对照品溶液的制备

精密称取柴胡皂苷 d 对照品适量，加甲醇制成每 1mL 含 2mg 的溶液，摇匀，即得。

4. 标准曲线的制备

精密吸取对照品溶液 0.1mL、0.2mL、0.4mL、0.6mL、0.8mL、1.0mL，置 25mL 具塞比色管中，加甲醇至 1mL，分别精密加入 0.1%对二甲氨基苯甲醛乙醇溶液 1mL，摇匀，于 70℃反应 10min，取出，放冷，加入磷酸 5.0mL，70℃反应 30min，取出，放冷，于 536nm 处测定吸光度。以吸光度值 A 为纵坐标，柴胡皂苷 d 的浓度（$mg \cdot L^{-1}$）为横坐标，绘制标准曲线。

5. 精密度实验

精密吸取对照品溶液 0.4mL 共 6 份，分别编号为 1～6 号，置于 25mL 比色管中，加甲醇至 1.0mL，其余操作同“标准曲线的制备”，于 536nm 处测定吸光度。计算得对照品的相对标准偏差。

6. 稳定性实验

取“精密度实验”中的第 6 号样品于 10min、20min、30min、60min、90min、120min 测定吸收度。计算得相对标准偏差。对照品溶液在显色后 20min 内应基本稳定。

7. 重复性实验

平行称取6份样品，制备试样溶液，进样测定，计算得平均含量和相对标准偏差。

8. 加样回收实验

称取已知含量的同一批样品9份，精密称量，分别精密加入相同量的对照品溶液，按样品溶液制备方法制备，测定，计算回收率、平均回收率、相对标准偏差，结果填入表3-7。

表3-7 实验数据记录

样品中含量/%	加入量/mg	测得量/mg	回收率/%	平均回收率/%	相对标准偏差/%

9. 样品测定

分别取两个不同批号样品，制备样品溶液，测定，计算样品中柴胡总皂苷的含量。

五、思考题

（1）柴胡总皂苷是如何提取的？

（2）该法的平均回收率为多少？相对标准偏差为多少？

实验38 分子荧光光度法测定水中石油类物质

一、实验目的

（1）学习用分子荧光光度法测定水中石油类物质。

（2）熟练掌握荧光分光光度计的操作。

二、实验原理

石油类物质进入水环境后，其含量超过$0.4mg \cdot L^{-1}$，即可在水面形成油膜，影响水体的复氧过程，造成水体缺氧。因此加强水中石油类物质的监测十分重要。常采用分子荧光光度法测定水体中的石油类物质，这种方法分析灵敏度高、线性范围宽、设备简单、分析速度快。

具体发光原理是，水中石油类物质经正己烷萃取、无水硫酸钠脱水后，用激发光源照射，分子产生跃迁；当分子从激发态返回基态的振动能级时，以荧光形式释放吸收的能量发出分子荧光。

三、实验仪器与试剂

（1）仪器：荧光分光光度计、10mm 荧光石英比色皿、500mL 分液漏斗（配聚四氟乙烯旋塞）、中速定性滤纸及其他常用玻璃量器。

（2）试剂：正己烷（色谱纯）；粒状无水硫酸钠（优级纯），临用前在 200～250℃下干燥 4h。

（3）油标准储备液及油标准使用液：量取油标准储备液 10mL 于 100mL 容量瓶中，用正己烷稀释至标线，摇匀，临用前配制。

四、实验步骤

1. 样品萃取

将样品全部倾入分液漏斗中（如样品中油含量高于 $50mg\cdot L^{-1}$，则应取相应体积萃取液用正己烷稀释后进行测定）。将 10mL 正己烷放入该样品瓶中，盖上瓶盖后缓慢转动样品瓶，并注意打开瓶盖放气，使正己烷溶液充分接触到瓶内所有表面，包括瓶盖的内表面，然后将所有溶液转移到分液漏斗。剧烈振摇分液漏斗 2～3min，并及时从排气口放气。让有机相和水相分离静置约 15min。然后放出下层水相（为防止将上层有机相放出，可适当残留少部分水相）。再将 10mL 正己烷放入该样品瓶中，重复上述操作 2 次。然后将滤纸放入分液漏斗中，加入约 10g 无水硫酸钠，并用少量的正己烷进行淋洗。抛弃淋洗液，使分液漏斗中的有机相（可能残留少量水相）缓慢通过过滤装置，并盛装于 50mL 容量瓶中。最后分 2～3 次用少量（3～5mL）正己烷淋洗分液漏斗的塞子、滤纸和分液漏斗，把收集到的淋洗液移入该容量瓶并定容。盖紧瓶盖，以防有机相挥发。摇匀，待测。

2. 空白试样

量取 10mL 正己烷倾入分液漏斗，按上面“剧烈振摇”及其以后的步骤制备空白试样。

3. 标准曲线的绘制

在一组 6 个 50mL 容量瓶中分别加入 0mL、0.1mL、0.5mL、1mL、5mL、10mL 油标准使用液，用正己烷定容至标线，摇匀，待测。此标准溶液系列的浓度分别为 $0.0mg\cdot L^{-1}$、$0.2mg\cdot L^{-1}$、$1.0mg\cdot L^{-1}$、$2.0mg\cdot L^{-1}$、$10.0mg\cdot L^{-1}$、$20.0mg\cdot L^{-1}$。以正己烷为参比，测定荧光强度，经空白校正后，以荧光强度为纵坐标，以石油类物质质量为横坐标，绘制校准曲线。

4. 样品的测定

先测定样品空白液的荧光强度，再依次测定各样品溶液的荧光强度。

五、结果计算

样品中石油类物质的浓度按下式计算：

$$c=\frac{1000m}{V}$$

式中：c——所测样品中石油类物质的含量（$mg\cdot L^{-1}$）；

m——根据扣除样品空白后的荧光强度，从校准曲线中查出样品中相应石油类物质的质量（mg）；

V——水样体积（mL）。

六、思考题

（1）石油类物质对水体污染的危害有哪些？

（2）石油类物质中发荧光的物质的结构是什么？

实验 39　纸张中荧光物质的检测

一、实验目的

（1）了解荧光增白剂的作用和成分。

（2）学习用荧光光度法对食品包装用纸中的荧光物质进行检测。

（3）了解荧光物质在食品中的迁移性能。

二、实验原理

荧光增白剂是一种荧光染料，或称为白色染料，也是一种复杂的有机化合物。它的特性是能被激发光激发产生荧光，使所染物质获得类似萤石的闪闪发光的效应，使肉眼看到的物质很白，达到增白的效果。

荧光增白剂可以吸收不可见的紫外光（波长范围为 360～380nm），将其转换为波长较长的蓝光或紫色的可见光，同时反射出波长在 400～600nm 范围的可见光，可以补偿基质中不想要的微黄色，从而使制品显得更白、更亮、更鲜艳。VBL 是目前我国常用的荧光增白剂。在纸浆或纸的涂布、施胶过程中添加荧光增白剂能改善视觉效果，但其从口、鼻黏膜进入人体，会增加肝脏负担，具有潜在的致癌风险，且污染环境。

本实验利用其荧光特性，实现对纸张中荧光物质的检测。

以荧光增白剂 VBL 作为标准物质，用荧光分光光度法检测纸张中可迁移荧光物质的含量。

三、仪器与试剂

（1）日立 F-7000 型荧光分光光度计、荧光增白剂 VBL 标准物质。

（2）各种生活用纸，包括纸杯纸、包装纸、各类食品盒纸、餐巾纸、真空镀铝纸、静电复印纸等。

四、实验步骤

1. 纸样中荧光增白物质的提取

将纸样裁成长和宽各 1～2cm 的碎片，称取一定质量的纸片，置于 50mL 具塞三角烧瓶中，放入 20mL 0.3%（质量分数）碳酸钠溶液中浸泡 2h，然后超声振荡 1h。

2. 荧光分光光度法测定条件

调节荧光分光光度计的激发波长为345nm，最大发射波长为417nm，待仪器稳定后进行纸样测定。光电倍增管电压为700V，扫描速度为300nm·min^{-1}。以定性滤纸浸泡液为空白样，用荧光分光光度计测其荧光强度以扣除空白。

3. 荧光增白剂VBL标准溶液

准确称取荧光增白剂VBL 50mg于小烧杯中，加入0.3%（质量分数）碳酸钠水溶液溶解后移入100mL棕色容量瓶中，定容至刻度，此溶液为500mg·L^{-1}标准储备液。将标准溶液稀释，配制成浓度分别为0mg·L^{-1}、0.2mg·L^{-1}、0.4mg·L^{-1}、0.6mg·L^{-1}、0.8mg·L^{-1}、1.0mg·L^{-1}、2.0mg·L^{-1}、4.0mg·L^{-1}的溶液。

五、结果处理

（1）荧光分光光度法对纸张中荧光物质的判定。以VBL为标准物质，经荧光分光光度计扫描，用测定的荧光强度对VBL标准溶液浓度进行线性回归，绘制VBL标准曲线。

（2）将各种纸张的浸泡液进行荧光强度测试，如果测得的荧光强度超出线性范围则进行稀释，记录荧光光度法检测的结果（表3-8）。

表3-8 实验数据记录

样品编号	荧光强度	溶液中荧光物质浓度	溶液稀释倍数	纸张质量	纸张中可迁移荧光物质的含量
1					
2					
3					
4					
…					

六、思考题

（1）食品包装纸中残留荧光增白剂对人及环境的潜在危害是什么？

（2）请比较各种纸张中荧光增白剂的含量。

实验40 巯基棉分离富集–原子吸收法测定痕量镉

一、实验目的

（1）学习巯基棉的制备原理。

（2）了解巯基棉吸附、洗脱痕量金属离子的机理。

（3）学习掌握Cd^{2+}废水浓缩和原子吸收分析技术。

二、实验原理

（1）巯基棉的制备原理。硫代乙醇酸（巯基乙酸）使脱脂棉巯基化，反应如下：

$$\underset{\text{（硫代乙醇酸）}}{HS-CH_2-COOH}+\text{纤维素}\xrightarrow[24h]{25℃}\underset{\text{（固体吸附剂）}}{\underset{\underset{SH}{|}}{CH_2}-\overset{\overset{\text{纤维素}}{\vdots}}{\underset{\underset{O}{\|}}{C}}-OH}$$

（2）巯基棉吸附金属离子的机理：

$$\underset{\underset{SH}{|}}{CH_2}-\overset{\overset{\text{纤维素}}{\vdots}}{\underset{\underset{O}{\|}}{C}}-OH+\frac{1}{2}Cd^{2+}\xrightarrow{pH\ 5\sim6}\underset{\underset{\underset{Cd/2}{S\searrow\ \swarrow O}}{}}{}CH_2-\overset{\overset{\text{纤维素}}{\vdots}}{C}(=O)-OH+H^+$$

（3）痕量元素被洗脱原理：

$$\underset{\underset{S\to Cd/2\leftarrow O}{}}{}CH_2-\overset{\overset{\text{纤维素}}{\vdots}}{C}(=O)-OH+H^+\longrightarrow\underset{\underset{SH}{|}}{CH_2}-\overset{\overset{\text{纤维素}}{\vdots}}{\underset{\underset{O}{\|}}{C}}-OH+\frac{1}{2}Cd^{2+}$$

三、仪器与试剂

（1）TAS-990 型原子吸收分光光度计、镉空心阴极灯、乙炔钢瓶、空气压缩机、100mL 容量瓶 6 个、25mL 容量瓶 2 个、5mL 吸量管、洗耳球、酸式滴定管。

（2）$1000mg\cdot L^{-1}$ 镉标准储备液、$10mg\cdot L^{-1}$ 镉标准使用液、$0.1mol\cdot L^{-1}$ 盐酸、脱脂棉、含镉的废水试样。

四、实验步骤

1. 巯基棉纤维的制备

取硫代乙醇酸 20mL 和乙酸酐 14mL 于烧杯中，加浓硫酸 2 滴，冷却后倒入 250mL 的棕色广口瓶中，加 4g 脱脂棉，充分浸润，盖上盖子，于室温（25℃）下放置 24～48h，使纤维充分巯基化。取出巯基棉，用自来水冲洗，用蒸馏水洗至中性，挤干后，置于瓷盘中于 35～38℃条件下烘干或风干。然后放入棕色广口瓶中，于暗处保存。在 3～5 年内，此固体吸附剂仍然有效。

2. 配制 $0.02mol\cdot L^{-1}$ 盐酸

用吸量管吸取 5mL $0.1mol\cdot L^{-1}$ 盐酸，加入 25mL 容量瓶中，加水稀释并定容至刻线，摇匀。

3. 巯基棉分离富集镉

（1）称 0.1g 巯基棉，放入 50mL 酸式滴定管。

（2）取 250mL 含痕量镉的废水，用酸式滴定管的活塞旋转控制流速，使废水以 $5mL \cdot min^{-1}$ 的流量通过巯基棉吸附装置。

（3）用 5mL $0.02mol \cdot L^{-1}$ 盐酸分 3 次洗脱镉，将溶液全部转移到 25mL 容量瓶中，定容，摇匀。

4. 标准溶液配制

分别吸取 0.0mL、1.0mL、2.0mL、3.0mL、4.0mL、5.0mL $10mg \cdot L^{-1}$ 镉标准使用溶液，配制浓度为 $0.00mg \cdot L^{-1}$、$0.10mg \cdot L^{-1}$、$0.20mg \cdot L^{-1}$、$0.30mg \cdot L^{-1}$、$0.40mg \cdot L^{-1}$、$0.50mg \cdot L^{-1}$ 的镉标准系列溶液。

5. 测量

在最佳工作条件下，以蒸馏水为空白，用 TAS-990 型原子吸收分光光度计测定镉标准系列溶液和富集后镉溶液的吸光度。

五、数据处理

1. 实验数据记录（表 3-9）

表 3-9 实验数据记录

实验编号	1	2	3	4	5	6
镉标准溶液体积/mL	0	1	2	3	4	5
浓度 c/（$mg \cdot L^{-1}$）	0.000	0.100	0.200	0.300	0.400	0.500
吸光度						
水样吸光度						
水样吸光度平均值						

2. 绘制标准曲线

以标准溶液浓度 c（$mg \cdot L^{-1}$）为横坐标，对应的吸光度为纵坐标，绘制标准曲线。在标准曲线上查出富集后镉的含量。

$$水样中镉的含量（mg \cdot L^{-1}）=（c_{镉} \times 25）/V_{水}$$

式中：$c_{镉}$——由标准曲线上查出的镉的含量（$mg \cdot L^{-1}$）；

$V_{水}$——取水样的体积（mL）；

25——水样稀释至最后的体积（mL）。

六、思考题

（1）简述巯基棉吸附金属离子的机理。

（2）为什么要控制废液通过巯基棉的流速？

（3）对该实验的流程有什么改进建议？

实验 41　差热与热重分析研究 $CuSO_4 \cdot 5H_2O$ 的脱水过程

一、实验目的

（1）掌握差热分析法和热重法的基本原理和分析方法。
（2）了解差热分析仪、热重分析仪及差热-热重联用仪的基本结构。
（3）熟练掌握差热分析仪、热重分析仪及差热-热重联用仪的操作方法。
（4）运用分析软件对测得数据进行分析，研究 $CuSO_4 \cdot 5H_2O$ 的脱水过程。

二、实验原理

1. 差热分析法

物质在受热或冷却过程中，当达到某一温度时，往往会发生熔化、凝固、晶型转变、分解、化合、吸附、脱附等物理或化学变化，并伴随着焓的改变，因而产生热效应，其表现为体系与环境（样品与参比物）之间有温度差。差热分析法是在设定温度下测量样品和参比物的温度差与温度（或时间）的相互关系的方法。在加热（或冷却）过程中，因物理、化学变化而产生吸热或者放热效应的物质，均可运用差热分析法进行鉴定。

2. 热重法

物质受热时会发生化学反应，质量也随之改变，测定物质质量的变化就可研究其过程。热重法是在设定温度下，测量物质质量与温度关系的一种技术。热重法的主要特点是能准确地测量物质的变化及变化的速率。

从热重法派生出微商热重法，即热重曲线对温度（或时间）的一阶导数。微商热重曲线能精确地反映出起始反应温度、达到最大反应速率的温度和反应终止温度。在热重曲线上，对应于整个变化过程中各阶段的变化互相衔接而不易分开，同样的变化过程在微商热重曲线上能呈现出明显的最大值，故微商热重曲线能很好地显示出重叠反应，进而区分各个反应阶段，而且微商热重曲线峰的面积精确地对应着变化的质量，因而微商热重法能精确地进行定量分析。

现在发展起来的差热-热重联用仪，是将差热分析仪与热重分析仪的样品室相连，在同样的气氛中，控制同样的升温速率进行测试，同时得到差热分析和热重曲线，从而通过一次测试得到更多的信息，对照进行研究。

三、仪器和试剂

1. 仪器

日本岛津公司 DTA-50 差热分析仪、TGA-50 热重分析仪、DTG-60 差热-热重联用仪、FC-60A 气体流量控制器、TA-60WS 工作站、电子天平等。

2. 试剂

待测样品 $CuSO_4 \cdot 5H_2O$、参比物 Al_2O_3。

四、实验步骤

1. 差热分析

（1）通水。通气，接通冷却水，开启水源，使水流畅通，保持冷却水流量在 $300mL \cdot min^{-1}$ 以上。根据需要在通气口通入保护气体，将气瓶出口压力调节到 0.59～0.98MPa。

（2）开机。依次打开专用变压器开关、DTA-50 差热分析仪开关、TA-60WS 工作站开关，同时开启计算机开关和打印机开关。

（3）调节气体流量。将仪器左侧流量控制钮旋至 $25 \sim 50mL \cdot min^{-1}$。

（4）称量及放样。用电子天平称量 10mg 样品后放入坩埚内，在另一只坩埚内放入适量参比物（试样为无机物时，试样与参比物的比例为 1∶1；试样为有机物时，试样与参比物的比例为 1∶2），将两只坩埚轻轻敲打颠实。按 DTA-50 差热分析仪控制面板键，炉子升起，将试样坩埚放在检测支持器右皿，将参比物坩埚放在左皿，按控制面板键放下炉子。

（5）设定参数。计算机屏幕上进入“TA-60WS Collect”界面，单击“DTA-50”，进入“Measure”界面，输入升温速率、终止温度；进入“PID Parameters”界面，设置“P：10；I：10；D：10”；进入“Sampling Parameters”界面，设置“Sampling time：10”；进入“File Information”界面，依次输入测量序号、样品名称、质量、相对分子质量、坩埚名称、气氛、气体流速、操作者姓名。检查计算机输入的参数，单击“确定”按钮。

（6）测量。回到“Measure”界面，单击“Start”，测量开始。当试样达到预设的终止温度时，测量自动停止。

（7）关机。等炉温降下来再依次关 TA-60WS 工作站开关、DTA-50 差热分析仪开关、专用变压器开关，关冷却水，关气瓶（为保护仪器，注意炉温在 500℃以上不得关闭 DTA-50 差热分析仪主机电源）。

（8）数据分析。进入“Analysis”界面，打开测量文件，由所测样品的差热分析曲线，选择项目进行分析，如“Tangent”用于求反应外推起始点，“Peak”用于求峰值，“Peak Height”用于求峰高，“Heat”用于求峰面积，等等。最后将数据存盘，打印差热曲线图。

2. 热重分析

（1）通气。根据实验需要在通气口通入保护气体，将气瓶出口压力调节到 0.59～0.98MPa。

（2）开机。依次打开专用变压器开关、TGA-50 热重分析仪开关、工作站开关，同时开启计算机及打印机开关。

（3）调节气体流量。将仪器左侧流量控制钮旋至 $25 \sim 50mL \cdot min^{-1}$。

（4）天平调零。按 TGA-50 热重分析仪控制面板键，炉子下降，将样品托板拨至炉子瓷体端口（注意：为避免操作失误导致杂物掉入加热炉中，在打开炉子操作时，一定要将样品托板拨至热电偶下），用镊子取一只空坩埚小心放入样品吊篮内。移开样品托板，按控制面板键升起炉子，待天平稳定后，旋转控制面板上平衡钮及按归零键，仪器自动扣除坩埚自重。

（5）放样。按控制面板键，炉子下降，移过样品托板，小心取出坩埚，装入占坩埚 1/3～1/2

高度的样品，轻轻敲打坩埚使样品均匀，然后将坩埚放入样品吊篮内，移开样品托板，升起炉子。

（6）测量。计算机屏幕上进入“TA-60WS Collect”界面，单击“TGA-50”，进入“Measure”界面，进行实验参数设定，输入升温速率、终止温度等；进入“PID Parameters”界面，设置“P：10；I：10；D：10”；进入“Sampling Parameters”界面，设置“Sampling Time：10”；进入“File Information”界面，依次输入测量序号、样品名称、质量（单击“Read Weight”，计算机会直接显示出样品质量）、相对分子质量、坩埚名称、气氛、气体流速、操作者姓名。回到“Measure”界面，单击“Start”，测量开始，炉内开始加热升温，记录开始。当试样达到预设的终止温度时，测量自动停止。

（7）关机。等炉温降下来再依次关 TA-60WS 工作站开关、TGA-50 热重分析仪开关、专用变压器开关，关气瓶（为保护仪器，注意炉温在 500℃以上不得关闭 TGA-50 热重分析仪主机电源）。

（8）数据分析。进入“Analysis”界面打开测量文件，对原始热重记录曲线进行适当处理，先对其求导，得到微商热重曲线；然后选定每个台阶或峰的起止位置，算出各个反应阶段的热重失重百分比，失重始温、终温，失重速率最大点温度；最后将数据存盘，打印热重曲线图。

3. 差热-热重联用

（1）开机。打开 DTG-60 差热-热重联用仪主机、计算机、TA-60WS 工作站及 FC-60A 气体流量控制器开关。

（2）接好气体管路。DTG-60 差热-热重联用仪主机后面有 3 个气体入口。测定样品用“GAS1（purge）”入口，通常使用 N_2、He 或 Ar 等惰性气体，流量控制在 30～50mL·min^{-1}；分析样品中用到反应气的情况，使用“GAS2（reaction）”入口通入气体，通常使用 O_2，最大流量为 100mL·min^{-1}；气体吹扫清理样品室时使用“Cleaning”入口，通常使用 N_2、空气，流量控制在 200～300mL·min^{-1}。注意：请将所使用入口之外的其他气体入口堵住。

（3）按 DTG-60 差热-热重联用仪主机前面板的“OPEN/CLOSE”键，炉盖缓缓升起。把空白坩埚放置于左边参比盘，把空的样品坩埚放置于右边样品盘中，按“OPEN/CLOSE”键降下炉盖。

（4）热重基线（重量值）稳定后，按前面板的“DISPLAY”键，前面板屏幕显示质量值，按“ZERO”键，重量值归零，显示“0.000mg”。如果归零后，读数跳动，可以多按几次“ZERO”键，直到读数为零，或者上下漂移很小。注意：通过面板上的“DISPLAY”键，可以使显示值在温度、电压、质量之间切换。

（5）按“OPEN/CLOSE”键，升起炉盖，用镊子把右边样品盘上的坩埚取下，装上适量的样品，重新放到右边样品盘上。样品质量一般为 3～5mg，保证样品平铺于坩埚底部，与坩埚接触良好。

（6）按“OPEN/CLOSE”键，降下炉盖。当屏幕显示“TG”（重量值）稳定后，仪器内置的天平自动精确称出样品的质量，并显示出来。

（7）设定参数。单击桌面上“TA-60WS Collection Monitor”图标，打开“TA-60WS Acquisition”软件。在“Detector”窗口中选择“DTG-60”，选择“Measure”→“Measuring Parameters”，弹出“Setting Parameters”窗口。在“Temperature Program”一项中编辑起始温度及温度程序。在“Sampling Parameters”窗口中，把“Sampling Time”设定为 1s（标准品校正时设定为 0.1s）。在“File Information”窗口中输入样品基本信息，包括样品名称、质量、坩埚材料及使用的气体种类、气体流速、操作者等信息。单击“确定”按钮，关闭“Setting Parameters”窗口。

（8）样品测试。等待仪器基线稳定后（大约 10min），单击“Start”，在弹出的“Start”窗口中设定文件名称及储存路径。单击“Read Weight”，这样仪器检测器把置于样品盘的样品质量显示在“Sample Weight”一项。（如果选中“Take the initial TG signal for the sample mass”一项，样品质量的数值将会记录为刚刚开始测定时的 TG 值。）单击“Start”运行一次分析测试，仪器会按照设定的参数运行，并按照设定的路径储存文件。样品分析完成后，等待样品室温度降到室温左右，取出样品和参比坩埚，关机。

（9）数据分析。单击“TA60”图标，打开数据分析软件。选择“文件”→“打开”，打开所需分析的测量文件。选中 DTG 曲线，选择“Analysis”→“Peak”，或者单击“Peak”，设定温度范围，即可给出峰值温度；也可选取起始点作为测定结果，选择“Analysis”→“Tangent”，弹出“Tangent”窗口。分别在曲线上峰的起始点和到达峰高之前斜率相对稳定的一个点上单击，来选定起始点。单击“Analyse”，确定熔点的 Tangent 点。再次单击“Analyse”，分析物的熔点就会计算出来并在峰旁边显示。除可以给出峰值温度外，该软件还可以提供有关峰值的其他信息，可在“Option”选项中进行选择。选中 DTA 曲线，选择“Analysis”→“Heat”，弹出“Heat”窗口。单击规定峰的起始点和终止点，单击“Analyse”，具体结果在屏幕上显示出来。所得数值表示样品吸收或释放多大的热量。热量的显示可以以多种单位给出。在单击“Heat”后弹出的对话框中，有“Option”选项，可以根据需要进行选择，并添加文字注释，中英文均可。选中 TG 曲线，选择“Analysis”→“Weight Loss”，弹出“Weight Loss”窗口。单击规定峰的起始点和终止点，单击“Analyse”，样品质量的变化及起始点时间、温度等都会显示出来。质量的显示可以以多种单位给出，在单击“Weight Loss”后弹出的对话框中，有“Option”选项，可以根据需要进行选择，并添加文字注释，中英文均可。

（10）出具报告。选择“File”→“Print”，弹出打印窗口。选择路径，可以把 DTG 图和分析参数打印到 Microsoft Office Document Image Writer 或者 Adobe Reader 上或者打印到文件。

注意事项

（1）坩埚一定要清洗干净，否则不仅影响导热，而且坩埚残余物在受热过程中也会发生物理化学变化，影响实验结果的准确性。

（2）样品用量要适度，本实验只需 10mg 左右。

（3）坩埚轻拿轻放，尤其是操作热重分析仪时，一定要小心；取放坩埚时，一定要将样品托板移过来，以免异物掉入加热炉内。

（4）实验用量为 3 ~ 5mg，请勿放入太多样品，以免影响样品测定的热传递结果；样品量也不要太少，否则会影响测定结果的精度。

（5）样品放入后，仪器示数需要稳定数分钟，同时保证炉体内的氛围是实验所需的气体氛围。

（6）仪器使用过程中，一般需要通氮气，普通样品测定时，氮气流量为 30 ~ 50mL·min^{-1}。

五、数据处理

（1）由所测差热分析曲线，求出各峰的起始温度和峰温，将数据列表记录，求出所测样品的热效应值。

（2）依据所测热重和微商热重曲线，由失重百分比推断反应方程式。

六、思考题

（1）差热分析实验中如何选择参比物，要注意哪些事项？影响差热分析结果的主要因素有哪些？

（2）用 $CuSO_4 \cdot 5H_2O$ 化学式计算理论失重率，并与实测值比较。如有差异，讨论原因是什么？

实验 42　热重法测定草酸盐混合物中的金属离子含量

一、实验目的

（1）熟悉热重分析仪的基本结构和工作原理。

（2）了解热重法分析物质成分的原理。

二、实验原理

当物质受热分解时，不同物质的分解温度和失重量会有所不同。如一水合草酸钙在 220～400℃时受热分解以草酸钙形式存在，在 520～780℃时以碳酸钙形式存在，在 830℃以上以氧化钙形式存在。而二水合草酸镁在 150℃即分解，在 520～780℃时以氧化镁形式存在。利用物质的这一特性，可以通过检测某一特定温度下的物质失重量来分析物质的成分。

以钙镁草酸盐混合物为例，对其进行热重分析，可从热重曲线推出钙、镁离子的含量。设 x 和 y 分别为混合液中钙和镁的质量，m 和 n 分别为试样在 600℃（$MgO+CaCO_3$）和 900℃（$MgO+CaO$）时由热重曲线测得的质量，则有

$$x \cdot M_{CaCO_3}/M_{Ca}+y \cdot M_{MgO}/M_{Mg}=m \qquad (1)$$

$$x \cdot M_{CaO}/M_{Ca}+y \cdot M_{MgO}/M_{Mg}=n \qquad (2)$$

式中：M_{CaCO3}，M_{MgO}，M_{CaO}——$CaCO_3$、MgO、CaO 的相对分子质量；

M_{Ca}，M_{Mg}——Ca 和 Mg 的相对原子质量。

通过测量 m、n 即可算出钙、镁的含量。

三、仪器和试剂

1. 仪器

日本岛津公司 TGA-50 热重分析仪、TA-60WS 工作站、电子天平。

2. 试剂

已制备好的样品（通过草酸盐共沉淀得到水合草酸钙和草酸镁的混合物，烘干而成）。

四、实验步骤

1. 通气

根据实验需要在通气口通入保护气体，将气瓶出口压力调节到 0.59～0.98MPa。

2. 开机

依次打开专用变压器开关、TGA-50 热重分析仪开关、工作站开关，同时开启计算机及打印机开关。

3. 调节气体流量

将仪器左侧流量控制钮旋至 25～50mL·min^{-1}。

4. 天平调零

按 TGA-50 热重分析仪控制面板键，炉子下降，将样品托板拨至炉子瓷体端口（注意：为避免操作失误导致杂物掉入加热炉中，在打开炉子操作时，一定要将样品托板拨至热电偶下），用镊子取一只空坩埚小心放入样品吊篮内。移开样品托板，按控制面板键，升起炉子，待天平稳定后，旋转控制面板上平衡钮及按归零键，仪器自动扣除坩埚自重。

5. 放样

按控制面板键，炉子下降，移过样品托板，小心取出坩埚，装入占坩埚 1/3～1/2 高度的样品，轻轻敲打，将坩埚放入样品吊篮内，移开样品托板，升起炉子。

6. 测量

计算机屏幕上进入“TA-60WS Collect”界面，单击“TGA-50”，进入“Measure”界面，进行实验参数设定，输入升温速率、终止温度等；进入“PID Parameters”界面，设置“P：10；I：10；D：10”；进入“Sampling Parameters”界面，设置“Sampling Time：10”；进入“File Information”界面，依次输入测量序号、样品名称、质量（单击“Read Weight”，计算机会直接显示出样品质量）、相对分子质量、坩埚名称、气氛、气体流速、操作者姓名。回到“Measure 界面”，单击“Start”，测量开始，炉内开始加热升温，记录开始。当试样达到预设的终止温度时，测量自动停止。

7. 关机

等炉温降下来再依次关 TA-60WS 工作站开关、TGA-50 热重分析仪开关、专用变压器开关，关冷却水，关气瓶（为保护仪器，注意炉温在 500℃以上不得关闭 TGA-50 热重分析仪主机电源）。

8. 数据分析

进入“Analysis”界面，打开测量文件，对原始热重记录曲线进行适当处理，先对其求导，得到微商热重曲线；然后选定每个台阶或峰的起止位置，算出各个反应阶段的热重失重百分比，失重始温、终温，失重速率最大点温度；最后将数据存盘，打印热重曲线图。

五、数据处理

依据所测热重曲线，推测各金属离子含量。

六、思考题

（1）由热重曲线的各失重台阶，讨论各阶段的可能反应，思考如何实现物质成分分析。
（2）通过该实验，你有什么收获？

实验 43　差示扫描量热法测量聚合物的热性能

一、实验目的

（1）了解差示扫描量热法的基本原理和差示扫描量热仪的基本结构，熟练掌握其操作。
（2）测量聚合物的 DSC 曲线，掌握测定聚合物热性能的方法，如熔点、结晶度、结晶温度、热效应、玻璃化转变温度等。

二、实验原理

差示扫描量热法（differential scanning calorimetry，DSC）是在程序升温的条件下，测量试样与参比物之间的能量差随温度变化的一种分析方法；是为克服差热分析法在定量测量方面的不足而发展起来的一种新技术。

差示扫描量热法有功率补偿式和热流式两种。在差示扫描量热法中，为使试样和参比物的温差保持为零，在单位时间为所必须施加的热量与温度的关系曲线称为 DSC 曲线。该曲线的纵坐标为单位时间所加热量，横坐标为温度或时间。该曲线的面积正比于热焓的变化。

DSC 与差热分析法原理相同，但性能优于差热分析法，测定热量比差热分析法准确，而且分辨率和重现性也比差热分析法好，因此 DSC 在聚合物领域获得了广泛应用。大部分差热分析法应用的领域都可以采用 DSC 进行测量，且灵敏度和精确度更高，试样用量更少。由于方便定量，DSC 更适合测量结晶度、结晶动力学以及聚合、固化、交联氧化、分解等反应的反应热及研究其反应动力学。

三、仪器与试剂

1. 仪器

日本岛津公司 DSC-60 差示扫描量热仪、TA-60WS 工作站、电子天平、SSC-30 压样机、FC-60A 气体流量控制器。

2. 试剂

待测样品。

四、实验步骤

1. 开机

打开 DSC-60 差示扫描量热仪主机、计算机、TA-60WS 工作站及 FC-60A 气体流量控制器。

2. 调节气体流量

接好气体管路，接通气源，并在 FC-60A 气体流量控制器上调整气体流量。

3. 样品制备

所用样品质量一般为 3～5mg，可根据样品性质适当调整加样量。把样品压制得尽量延展平整，把装样品的坩埚置于 SSC-30 压样机中，盖上坩埚盖，旋转压样机扳手，把坩埚样品封好。同时不放样品，压制一个空白坩埚作为参比样品。压完后检查坩埚是否封好，且要保证坩埚底部清洁，无污染。打开 DSC-60 差示扫描量热仪样品室盖，用镊子移开炉盖和盖片，把空白坩埚放置于左边参比盘，把制备好的样品坩埚放置于右边样品盘中，盖上盖片和炉盖。

4. 设定参数

单击桌面上“TA-60WS Collection Monitor”图标，打开“TA-60WS Acquisition”软件。在“Detector”窗口中选择“DSC-60”，选择“Measure”→“Measuring Parameters”，弹出“Setting Parameters”窗口。在“Temperature Program”一项中编辑起始温度、升温速率、结束温度及保温时间等温度程序。在“File Information”窗口中输入样品基本信息，包括样品名称、质量、坩埚材料，使用气体种类、气体流速、操作者、备注等信息。单击“确定”按钮，关闭“Setting Parameters”窗口，完成参数设定操作。

5. 样品测试

等待仪器基线稳定后，单击“Start”，在弹出的“Start”窗口中设定文件名称及储存路径，单击“Start”运行一次分析测试，仪器会按照设定的参数运行，并按照设定的路径储存文件。

6. 关机

样品测量完成后，等待样品室温度降到室温左右，取出样品，依次关闭 DSC-60 差示扫描量热仪主机、FC-60A 气体流量控制器、TA-60WS 工作站和计算机。

7. 数据分析

单击“TA60”图标，打开数据分析软件。选择“文件”→“打开”，根据文件名及预览图形选择所需的文件，并在分析软件中打开。选中 DSC 曲线，选择“Analysis”→“Peak”，或者单击“Peak”，设定温度范围，即可给出峰值温度；也可选取起始点作为测定结果，选择“Analysis”→“Tangent”，弹出“Tangent”窗口。分别在曲线上峰的起始点和到达峰高之前斜率相对稳定的一个点上单击，来选定起始点。单击“Analyse”，确定熔点的 Tangent 点。再次单击“Analyse”，分析物的熔点就会计算出来并在峰旁边显示。除了可以给出峰值温度外，该软件还可以提供有关峰值的其他信息，可在“Option”选项中进行选择。鼠标选中 DSC 曲线，选择“Analysis”→“Heat”，弹出“Heat”窗口。单击规定峰的起始点和终止点，单击“Analyse”，即可得到积分结果，其数值表示样品吸收或释放出多大的热量。热量的显示可以以多种单位给出，在单击“Heat”后弹出的对话框中，有“Option”选项，可以根据需要进行选择，并添加文字注释。

8. 出具报告

选择“File”→“Print”，弹出打印窗口。选择路径，可以把 DSC 图和分析数据打印到文件、Microsoft Office Document Image Writer 或者 Adobe Reader 上。也可以选择“Edit”→“CopyAll”，将结果图形及数据复制到 Word 文档上，再进行打印。

五、数据处理

依据测量聚合物的 DSC 曲线，求出其各种物理性质参数，如聚合物熔点 T_m、聚合物的熔融热 ΔH_m 和聚合物的结晶度 X_c。

六、思考题

（1）DSC 的基本原理是什么？在聚合物中有哪些用途？
（2）对所得到的 DSC 曲线进行分析，讨论实验过程的注意事项和影响因素。

实验 44　综合热分析

一、实验目的

（1）学习综合热分析的仪器装置及实验技术。
（2）掌握综合热分析的特点及分析方法。

二、基本原理

综合热分析是指几种单一的热分析法相互结合成多元的热分析法。也就是将各种单功能的热分析仪相互组合在一起，变成多功能的综合热分析仪，如差热-热重、差示扫描-热重、差热-热重-微商热重、差热-热机械分析等综合热分析仪。这种多功能综合热分析仪的特点是在完全相同的实验条件下，也就是在一次实验中可同时获得样品的各种热变化信息。

综合热分析仪因具有极大的优越性而被广泛采用。在无机非金属材料中，综合热分析技术使用得最多的是差热-热重分析。

由综合热分析的基本原理可知，综合热分析曲线就是把各单功能热分析曲线测绘在同一张记录纸上。因此，综合热分析曲线上的每一单一曲线的分析与解释与单功能仪器所作曲线完全一样，各种单功能标准曲线都可作为综合热分析曲线的标准，分析解释时可作参考。另外，在解释综合热分析曲线时，下面一些基本规律值得注意：

（1）有吸热效应并伴有失重时，为脱水或分解过程；有放热效应并伴有增重时，为氧化过程。

（2）有吸热效应但并无质量变化时，为多晶转变过程；有吸热并伴有胀缩时也可能是多晶转变过程。

（3）有放热效应并伴有收缩现象，表示有新物质形成。

例如，图 3-1 示出了某种黏土的综合热分析曲线，包括加热曲线、差热曲线、热重曲线和收缩曲线。根据差热曲线可知，该黏土的主要峰形与高岭土相符，其矿物组成应以高岭土（Al_2O_3、$2SiO_2·2H_2O$）为主。差热曲线上有两个显著的吸热峰，第一个吸热峰从 200℃以下开始发生至 260℃达峰值，热重曲线上对应着这一过程的质量损失达 3.7%，而收缩曲线表明这一过程体积变化不大，所以这一吸热峰对应的是高岭土失去层间吸附水的过程。第二个吸热峰从 540℃开始至 640℃达峰值，这一过程对应质量损失 10.31%，而体积收缩 1.4%。差热曲线上强烈的吸热效应相当于高岭土晶格中氢氧根脱出或结晶水排除，致使晶格破坏，偏高岭土（$Al_2O_3·SiO_2$）中的 Al_2O_3 和 SiO_2 转变成无定形态。当温度升高至 1000℃左右时，无定形 Al_2O_3 结晶成 γ-Al_2O_3 和部分微晶莫来石，使差热曲线上出现强烈的放热效应，此时质量无显著变化，体积却显著收缩，收缩率从 3.19%变成 8.67%。加热到 1240℃，差热曲线上又出现一放热峰，同时体积收缩率从 9.68%变成 14.4%，这显然又是一个结晶相的出现。据研究，这是由非晶质 SiO_2 与 γ-Al_2O_3 化合成莫来石 3 $Al_2O_3·2SiO_2$ 结晶所致。

图 3-2 所示为以煤矸石、石灰为主要原料的煤矸石水泥水化产物的差热-热重-微商热重综合热曲线。

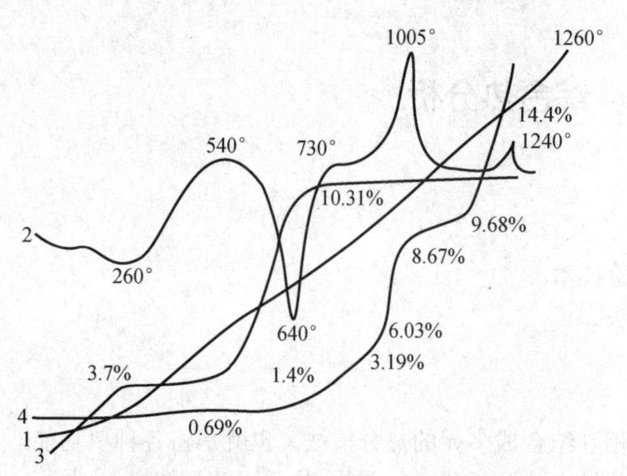

图 3-1　某种黏土的综合热分析曲线

1—加热曲线；2—差热曲线；3—热重曲线；4—收缩曲线

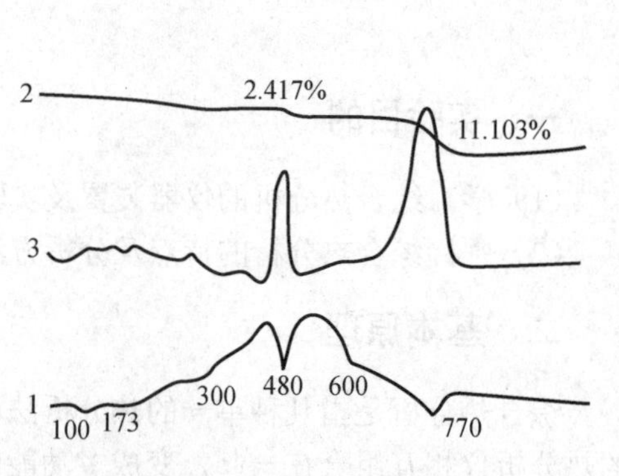

图 3-2　煤矸石水泥水化产物的综合热曲线

1—差热曲线；2—热重曲线；3—微商热重曲线

图中差热曲线上 100～300℃的多处微小吸热峰对应热重曲线略有倾斜，微商热重曲线多处小峰起伏，表明水化产物中少量水化硫铝酸钙和水化铝酸钙脱水。差热曲线上 480℃处的吸热峰对应热重曲线上 2.417%的失重，微商热重曲线明显向上的峰形表明水化物中 $Ca(OH)_2$ 的脱水失重明显，效应集中。差热曲线上 600℃以后有吸热效应，至 770℃有最明显的吸热，对应热重曲线有 11.103%的质量损失，微商热重曲线有宽而大的峰形，表明水化物中碳酸钙的分解及 CSH 凝胶的脱水。水化物中碳酸钙分解峰之大、失重之多表明该水化物已在空气中炭化。

三、实验步骤

综合热分析的实验方法就是各种单功能热分析实验方法的综合，它包括仪器校正、试样准备、实验条件选择和样品测量等。

1. 综合热分析仪的仪器校正

综合热分析仪的仪器校正通常有基线校核、质量校核、温度校核和热量校核。

1）基线校核

基线校核采用空白试验，即用空坩埚或参比物加热测量基线的漂移情况，当使用差热-热重样品杆测试差热-热重基线时，根据空白基线结果调整电炉定位螺钉和“斜率调整”旋钮，使热重基线漂移量小于 $2.5div\cdot 10mg^{-1}$，DTA 漂移量小于 $25div\cdot 100\mu V^{-1}$。当使用 DSC-热重样品杆测试 DSC-热重基线时，同样根据基线的漂移情况调整斜率，使热重基线漂移量小于 $4div\cdot 10mg^{-1}$，DSC 基线漂移量小于 $15div\cdot 50mg^{-1}$。

2）质量校核

质量的准确度通常采用标准物质 $CaC_2O_4\cdot H_2O$ 的分解失重来校核。

$$CaC_2O_4\cdot H_2O \xrightarrow{100\sim 200℃} CaC_2O_4+H_2O\uparrow \qquad 理论失重率12.331\%$$

$$CaC_2O_4 \xrightarrow{400\sim 500℃} CaCO_3+CO\uparrow \qquad 理论失重率19.170\%$$

$$CaCO_3 \xrightarrow{600\sim 800℃} CaO+CO_2\uparrow \qquad 理论失重率31.119\%$$

上述分解失重误差一般不应超过±5%。

3）温度校核

温度校核通常采用 In、SiO_2 和 $SrCO_3$ 等标准物质在适当的条件下测试差热-热重曲线，将测试温度与标准温度比较得出温度测量的误差范围，一般温度测量误差不应超过±5℃。

4）热量校核

热量校核通常采用苯甲酸、Zn 等标准物质在适当条件下测试 DSC-热重曲线，由 DSC 峰谷面积计算出热量与标准热量，比较得出热量测量的误差范围，一般热量测量误差不应超过±5%。

2. 综合热分析的试样准备与实验条件选择

综合热分析的试样准备及实验条件与差热、DSC 及热重单功能的热分析类似。试样宜过 200～300 目的筛，用量 10mg 左右。升温速度不宜太快，慢速升温能使相邻峰谷分开，一般以 5～10℃·min^{-1} 为宜。走纸速度快些可增加 TG 曲线的阶梯而提高综合热分析的分辨率。试样在加热过程中的氧化或还原会影响试样的质量变化，因而综合热分析宜用惰性气体。

3. 综合热分析的样品测量

仪器校正和试样准备好后，就可开始进行样品测量。样品测量的方法和基本步骤见差热分析。

四、数据处理

（1）实验室有各种含水矿物和其他矿物，选择其中一种，测试它的差热-热重曲线或DSC-热重曲线。记录测试时的所有实验条件，如试样名称、颜色、参比物、气氛、量程、纸速、升温速度、满标温度、满标质量及室温、湿度等。

（2）差热-热重或DSC-热重曲线上的温度和失重百分率。

综合热分析曲线上温度的标注可根据满标温度和升温曲线的对应关系来标注。具体标注方法参阅“差热分析”实验。

热重曲线上失重百分率的标注是根据热重曲线的位置与满标质量的关系来确定的。例如，记录纸100个小格，若满标10mg，则每小格0.1mg，根据热重位置离零线的距离可知样品的初始质量W_0和瞬时质量W，初始质量W_0与瞬时质量W之差即为失重ΔW。失重量与初始质量之比即为失重百分率。

$$失重百分率 = \frac{W_0 - W}{W_0} \times 100\%$$

（3）根据DSC-热重综合热分析曲线DSC峰谷的大小计算反应热量。峰谷面积的处理，与反应热量的对应关系及具体计算方法参阅“差示扫描量热分析”实验。

（4）根据峰谷的性质和温度解释峰谷产生的原因，并根据失重百分率计算矿物的含量。

五、思考题

比较综合热分析DSC-热重或差热-热重与单功能差热、DSC、热重的优缺点。

实验45　热分析应用

一、实验目的

（1）学习热分析的应用。

（2）掌握热分析谱图的处理方法及具体应用。

二、实验步骤

凡是在加热（或冷却）过程中，因物理、化学变化而产生吸热或放热效应及质量变化（表现为失水、分解、氧化、还原、晶格结构的破坏或重建，相变化和晶型转变等）的物质，均可利用差热分析和热重分析加以鉴定分析。

在硅酸盐范围内，差热分析、热重分析已成为主要测试方法之一。对于水泥水化过程，原料的脱水和受热分析、固相反应机理、多晶转变、熔融以及结晶温度和烧结温度的确定等各方面的问题，都可应用差热分析、热重分析来进行研究。

矿物在加热过程中失去吸附水、结晶水和结构水时，均产生吸热效应。吸附水失去的温度大约为110℃。结晶水从晶格中逸出的温度一般为200～500℃或更高，并且具有阶段性。结构水与结构联系较紧密，它的逸出需要较高的温度，在500～900℃或更高。

图 3-3 为天然二水石膏的差热曲线。80℃开始失水，在 115℃处失去部分结晶水而产生吸热峰。

$$CaSO_4 \cdot 2H_2O \longrightarrow CaSO_4 \cdot \frac{1}{2}H_2O + 1\frac{1}{2}H_2O$$

进一步完全脱水，在 139℃处又发生吸热峰：

$$CaSO_4 \cdot \frac{1}{2}H_2O \longrightarrow CaSO_4 + \frac{1}{2}H_2O$$

图 3-4 为胆矾（$CuSO_4 \cdot 5H_2O$）的差热曲线。其脱水过程分段进行。

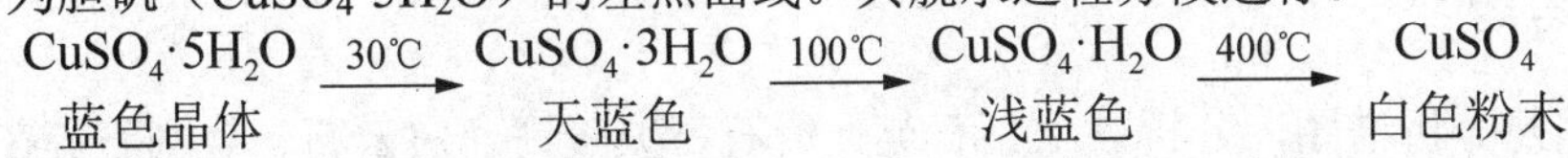

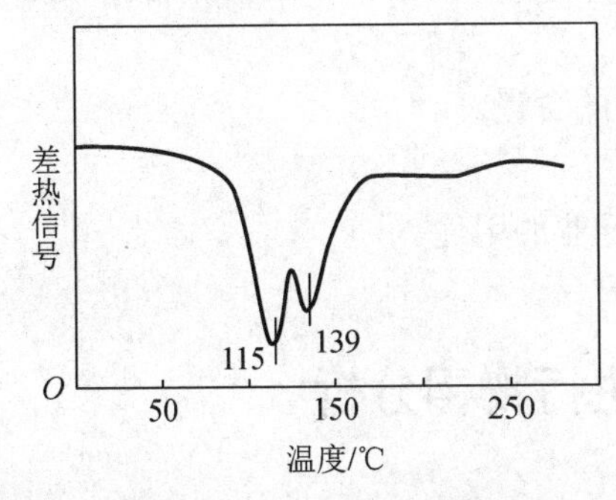

图 3-3　天然二水石膏的差热曲线

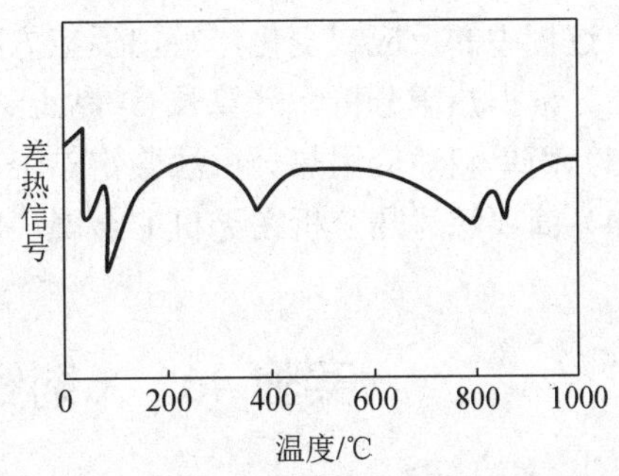

图 3-4　胆矾的差热曲线

三、影响热分析实验精度的因素

1. 气氛

试样周围的气氛对试样热反应本身有较大的影响，试样的分解产物可能与气流反应，也可能被气流带走，这些都可能使热反应过程发生变化（如草酸钙的分解反应）。而气氛的性质、纯度、流速对热重曲线的形状也有较大影响。因此可以采用动态惰性气氛，即向试样室通入不与试样及产物发生反应的气体，如氮气、氩气等。

2. 升温速率

升温速率大，所产生的热滞后现象严重，往往导致差热、热重曲线上的起始温度 T_i 和终止温度 T_f 偏高；但升温速率太小时，也会使差热曲线上的峰值不明显，或没有差热峰。

在热重分析中，中间产物的检测是与升温速率密切相关的。升温速率快，不利于中间产物的检出，热重曲线上的拐点及平台很不明显。升温速率慢些可得到相对明晰的实验结果。总之，升温速率对热分解温度和中间产物的检出都有较大影响，在热重分析中宜采用低速升温，如 2.5℃·min^{-1}、5℃·min^{-1}，一般不超过 10℃·min^{-1}。在差热分析中一般采用 10℃·min^{-1} 或 20℃·min^{-1}。值得指出的是，升温速率的改变不会导致试样失重量的改变。

3. 试样粒度、装样密度、样品量

试样粒度小，表面积大，有些差热峰就可能不明显或反应起始温度较低。

装样密度大，则反应速度变慢，或分几步反应。

样品量多，反应时差热峰就大，失重量也相应较大。

4. 稀释剂、参比物

加入稀释剂，则差热峰小，或使剧烈反应变得较平稳。

参比物，如在低温 500℃以下可用 SiO_2。一般都使用 α-Al_2O_3，要经过高温煅烧，使之在加热过程中无变化。

四、思考题

（1）根据热分析谱图，分析黏土、石英、滑石、碳酸钙、白云石、金刚石等在加热（或冷却）过程中的反应或变化，写出反应方程式。

（2）根据热重分析，计算长石-黏土结合剂中黏土的含量。

（3）简单叙述应用热分析法鉴定黏土矿物的过程。

（4）简要综述热分析在无机非金属（磨料磨具）行业的用途。

实验 46　X 射线衍射法进行物相分析

一、实验目的

（1）了解 X 射线衍射仪的基本结构和工作原理。

（2）掌握样品测试过程。

（3）掌握利用衍射图进行物相分析的方法。

二、实验原理

晶体的 X 射线衍射图谱是对晶体微观结构精细的形象变换，晶体结构与其 X 射线衍射图之间有着一一对应的关系，任何一种晶态物质都有自己独特的 X 射线衍射图，而且不会因为与其他物质混合在一起而发生变化，这就是 X 射线衍射法进行物相分析的依据。规模最庞大的多晶衍射数据库是由粉末衍射标准联合委员会（Joint Committee on Powder Diffraction Standards，JCPDS）编纂的《粉末衍射卡片集》。

三、仪器和试剂

仪器：粉末 X 射线衍射仪。

试剂：无机盐。

四、实验步骤

1. 样品制备

粉末样品制备：任何一种粉末衍射技术都要求样品是十分细小的粉末颗粒，使试样在受光照的体积中有足够多数目的晶粒。因为只有这样，才能满足获得正确的粉末衍射图谱数据的条件，即试样受光照体积中晶粒的取向是完全随机的。粉末衍射仪要求样品试片的表面十分平整。将被测样品在研钵中研至 200～300 目。将中间有浅槽的样品板擦干净，将粉末样品放入浅槽中，用另一个样品板压一下，将样品压平且和样品板相平。

块状样品制备：X 射线照射面一定要磨平，大小能放入样品板孔，样品抛光面朝向毛玻璃面，用橡皮泥从后面把样品粘牢。注意勿让橡皮泥暴露在 X 射线下，以免引起不必要的干扰。

2. 样品扫描

在“New Program”界面中编好测试程序，打开“Program”，选择“Measure”→“Program”，开始采集数据，在“High Score”界面中处理谱图，如图 3-5 所示。

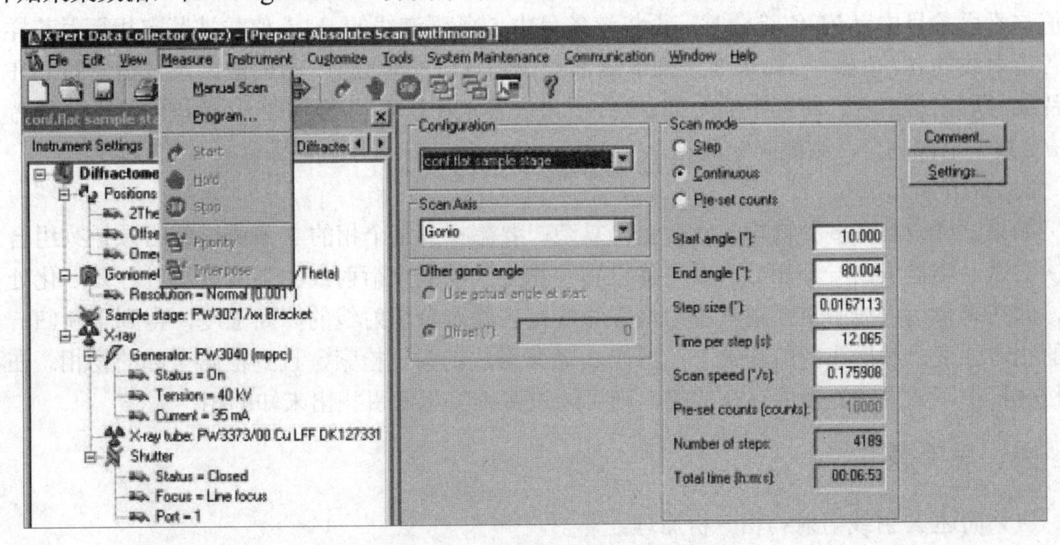

图 3-5　X 射线衍射操作界面

五、数据处理

每种晶体的 X 射线衍射图谱都有一组特定的 d 值，粉末线的分布是一定的；每种晶体内原子排列也是一定的，因此衍射线的相对强度也是一定的。每一个晶体都有一套特征的粉末衍射数据 d-I 值，并可把它作为定性鉴定物质和物相的依据。粉末法的灵敏度为 5%左右。

1. 粉末衍射卡片索引

目前通用的索引有粉末衍射卡片哈氏（Hanawalt）数字索引、芬克索引（Fink index）和戴维字母索引（Alphabetical index），每一种都分为有机和无机两类。

哈氏数字索引：每一种物质的数据在索引中占一横行，依次有 8 条强谱线晶面间距数值、化学式卡片顺序号，查阅时把晶体面间距按衍射峰强弱排列成 d_1，d_2，d_3…，找到 d_1 再找 d_2 值，一直顺序找到 d_8 值，从而可查得对应 8 强谱线的卡片顺序号，但也可用前三强的 d 值，按下列排列方式查找：$d_1d_2d_3d_2d_3d_1d_3d_1d_2$，在哈氏数字索引中出现 3 次。

芬克索引也属于数值索引，不过它是以每种物质的 8 条强谱线晶面间距 d 作为该物质的特征。芬克索引的编制是按各种物质 8 条强谱线中第一个 d 值的递减顺序划分成组的。每一小组内再按第二个 d 值的递减顺序排列。编制索引时，每种物质的 8 条强线晶面间距循环排列，即 $d_1d_2d_3d_4d_5d_6d_7d_8d_2d_3d_4d_5d_6d_7d_8d_1$ 等顺序出现 8 次。

戴维字母索引是以英文名称的字母顺序排列的。索引上每一物质也占一横行，依次有该物质的英文名称、化学式、3 条强谱线晶面间距、卡片顺序号。若想检索已知物相或可能物相的衍射数据，只需知道它们的英文名称便可应用戴维字母索引。

2. 用标准卡片进行物相分析

1）单一物相分析

如果试样中只含一个相，对计算得到的 d 值给出适当的误差，然后用 3 条强谱线的 d-I 值在 PDF 卡片数值索引中的相应 d（$\pm\Delta d$）值组中查询被鉴定相的对应条目。当 3 条强谱线的值与索引条目中 d-I/I_1 值符合时，再将该条目中 5 条强谱线的 d-I/I_1 值与被鉴定相衍射花样中各衍射线的 d-I 值核对。如果 8 条强谱线都能找到各自的对应值，则根据该条目指出的 PDF 卡片编号取出该卡片，将其中的全部 d-I/I_1 值与被鉴定相衍射花样中的 d-I 值核对，如果两者的 d-I 数据全部吻合，则能确定此相。

2）多相分析

如果试样中含有多种物相，就会变得复杂。要想找到某个相的 3 条强谱线必须排列组合多次尝试。当检索出一个相后，要将除已鉴定相之外的剩余衍射线的强度重新进行归一化处理，即在剩余衍射线中重新用其中的最强线峰高去除剩余衍射线的峰高强度，得到重新归一化的相对强度。然后在新的基础上，再作 3 条强谱线的尝试检索，直到检出全部的物相。在多相分析中，如果预测可能存在的相，则可通过戴维字母索引找出未知的相。

六、思考题

（1）简述 X 射线衍射物相分析原理。

（2）如何利用衍射图进行物相分析？

实验 47　X 射线衍射法测定多晶材料的晶格常数

一、实验目的

学习和掌握用 X 射线衍射谱计算多晶体的晶格常数。

二、实验原理

波在晶体上的衍射遵从布拉格方程。多晶体中各晶粒的取向虽然是混乱的，但它们的晶格结构都是一样的。设此晶格的平面间距为 d_1，d_2，d_3，…，在各晶粒中平面间距为 d_i 的晶面指数（h，k，l）中，只有与原射线（波长为 λ）方向的夹角 θ_i 满足布拉格方程的晶面会产生衍射，即

$$2d_i\sin\theta_i=\lambda \tag{1}$$

不同指数的界面间距不同，所得衍射峰的位置也将不同。

三、实验步骤

1. 布拉格角的计算

利用样品的 X 射线衍射谱可以查出该样品发生衍射的布拉格角θ_i，即衍射峰的位置。

2. 平面间距的计算

可用简化的布拉格方程$\lambda=2d'\sin\theta$计算平面间距：

$$d' = \frac{a}{\sqrt{(h')^2 + (k')^2 + (l')^2}}$$

式中，波长λ是已知的，θ角为发生衍射的布拉格角。为方便起见，以下将 d'和 h'、k'、l'的上标“′”全部省略。但是必须记住它们的含义。

3. 指标化

我们已经知道了每一族晶面（h，k，l），现在就来确定各晶面族的面指数——指标化。布拉格方程可写成

$$\sin\theta = \frac{\lambda}{2a}\sqrt{h^2 + k^2 + l^2} \tag{2}$$

以 $\sin\theta$ 为纵坐标，λ/a 为横坐标作图，则对应于 $\sqrt{h^2+k^2+l^2}$ 的每一值可得一斜率为 $\sqrt{h^2+k^2+l^2}/2$ 的直线，直线端点的数字为各自相应的 $h^2+k^2+l^2$ 值。

由于在同一张谱上各衍射峰的λ和 a 都一样，即λ/a 为一常量，所以如果已知晶格常数 a，就可以在横坐标为λ/a 处作一垂线，此线与各条直线的交点的纵坐标就是对应峰的 $\sin\theta$ 值。现在的情况相反，是已经算出各环的 $\sin\theta$ 值，只需按上述相反的过程就可以定出各 $\sin\theta$ 对应的 $\sqrt{h^2+k^2+l^2}$ 和λ/a 值。方法如下：将计算所得的 $\sin\theta$ 值按与图 3-6 的纵坐标相同的尺度标示在纸条上，零点对齐沿横轴移动，并保持纸条与纵轴平行。当纸条移至某一横坐标值（λ/a）时，如图 3-6 中的λ/a＝0.33 处，若各 $\sin\theta$ 点都分别落在其一 $\sin\theta$-λ/a 直线上，则此时可得到各 $\sin\theta$ 所在直线的 $\sqrt{h^2+k^2+l^2}$ 值，如图 3-6 中的 3，4，8，11，12，…，并可查出其相应的晶面指数（h，k，l）。

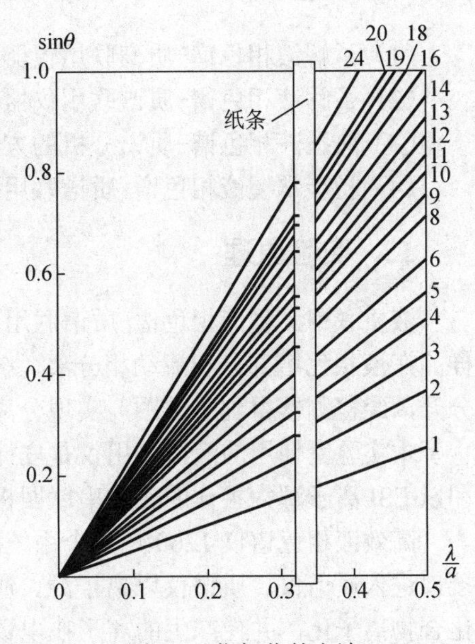

图 3-6 指标化的方法

4. 晶格常数的确定

指标化过程中，我们可读出当纸条上各点都落在各直线上时纸条所在位置的λ/a 值。由于λ已知，所以可以很方便地定出晶格常数 a。晶格常数也可由式（2）算出，因为此时已定出各峰的指数（h，k，l）。但由于系统误差及偶然误差的存在，由各峰分别算出的晶格常数会有些差别。

5. 晶格类型的确定

在指标化过程中一定会发现有些晶面没有对应的衍射峰，如铜的（100），（110），（210），（211），…。这是因为在推导布拉格方程及劳厄方程时我们假设每一个阵点上只有一个原子，即为简单晶胞。当晶胞中含有一个以上原子时即为复式晶胞，如面心立方每个晶胞含有 4 个原子，体心立方每个晶胞含有 2 个原子。晶体中周期性点阵的每一个阵点由以晶胞为单位的一组原子所占据。晶体的衍射是各阵点散射波的相干叠加。当阵点被复式晶胞占据时，晶体衍射为各复式晶胞中所有原子的散射波的相干叠加。这可能使某些衍射束消失。衍射峰消失的情况与晶体结构有关，所以我们可以根据某些峰不出现来判断晶体是面心立方还是体心立方。

计算表明，晶格类型与消失峰的指数有以下关系：对于面心立方晶体，仅当衍射面指数 h，k，l 都是偶数或都是奇数时才有衍射峰出现，其他的情形衍射峰都消失；体心立方晶体则只有衍射面指数之和 $h+k+l$ 为偶数时才有衍射峰出现。

四、思考题

（1）简述 X 射线衍射谱的形成机理。

（2）如何确定样品的布拉格角？

（3）晶格常数的计算过程中，应注意什么问题？

实验 48　液相色谱-质谱分析方法的建立

一、实验目的

（1）了解液相色谱-质谱联用仪器的基本构造。

（2）了解液相色谱-质谱联用仪器分析的原理。

（3）熟悉液相色谱-质谱分析的方法建立流程。

（4）初步掌握液相色谱-质谱联用仪器检测样品的基本操作。

二、实验原理

液质联用又称液相色谱-质谱联用技术，它以液相色谱作为分离系统，质谱为检测系统。样品在液相色谱部分和流动相分离，被离子化后，经质谱的质量分析器将离子碎片按质量数分开，经检测器得到质谱图，实现分离和分析的目标。

本实验室使用的液质联用仪是安捷伦 6460 系列的一款产品，包括高效液相色谱仪 1260 和以 ESI 离子源为主体的三重串联四极杆质谱仪。

高效液相色谱仪 1260 是整个系统的分离和进样装置，样品在色谱柱中经初步分离，通过接口进入质谱仪。质谱仪以离子源、质量分析器和检测器为核心。离子源将分析物中的中性化合物离子化，并使产生的离子在电场的作用下进入离子传输毛细管。

离子传输毛细管是离子的导入通道，通过它离子源产生的离子进入质谱，同时隔绝了外部的常压与质谱内部的高真空。离子通过离子传输毛细管后，进入离子光学组件，它包括 skimmer1、八极杆及 lens1 和 lens2，进一步除去溶剂及中性分子。它也是一个高效的离子传输组件，并使随机运动的离子进入三重四极杆质量分析器。安捷伦 6460 液质联用仪的质量分析器是三重四极杆质量分析器，其由三组四极杆质量分析器空间串联而成。一个四极杆就是一个质谱，所以三重四极杆质谱是空间串联的多级质谱分析。第一个四极杆根据设定的质荷比范围扫描和选择所需的离子。第二个四极杆，也称碰撞池，用于聚集和传送离子。在选择离子飞行的途中，引入碰撞气体——氮气。第三个四极杆用于分析在碰撞池中产生的碎片离子。实际上，碰撞池采用了六极杆的设计，拥有更好的聚集及传输功能但还沿用三重四极杆的名称。安捷伦 6460 液质联用仪的检测器包括高能打拿极和电子倍增器。此外，质谱仪需要在真空环境下工作，它的真空系统由前级真空泵和分子涡轮泵组成，前级真空泵的真空度一般在 1.8～2.5torr（1torr≈133.3Pa），分子涡轮泵的高真空度在（1.9～2.3）$\times10^{-5}$ torr。

三、仪器

安捷伦 6460 液质联用仪。

1. 色谱系统

1）流动相

（1）水溶剂。A1：纯水（避光，常更换，防止细菌滋生）。

A2：甲酸、氨水等。

（2）有机溶剂。B1：纯乙腈、纯甲醇、纯异丙醇。

B2：含 0.1%的甲酸乙腈溶液。

2）色谱柱

色谱柱为 ODS-C18 柱。

色谱柱的冲洗：先用一定比例的流动相冲洗，再用纯有机溶剂进行冲洗；不用时，一般保存在规定的有机溶剂中。

3）六通阀（图 3-7）

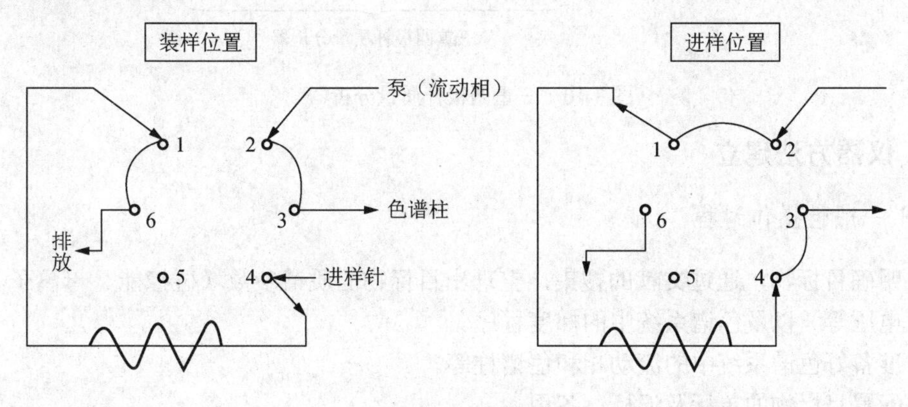

图 3-7 六通阀

2. 质谱系统

1）离子源

APCI：大气压化学电离源，利用电晕放电离子化。

ESI：电喷雾离子源，既是接口装置，又是离子化装置。离子源结构如图 3-8 所示。

2）真空系统

前级真空泵：作用于离子源，去杂质。

分子涡轮泵。

3）质量分析器

质量分析器：三重四极杆质量分析器。四极杆结构如图 3-9 所示。三重四极杆质量分析器如图 3-10 所示。

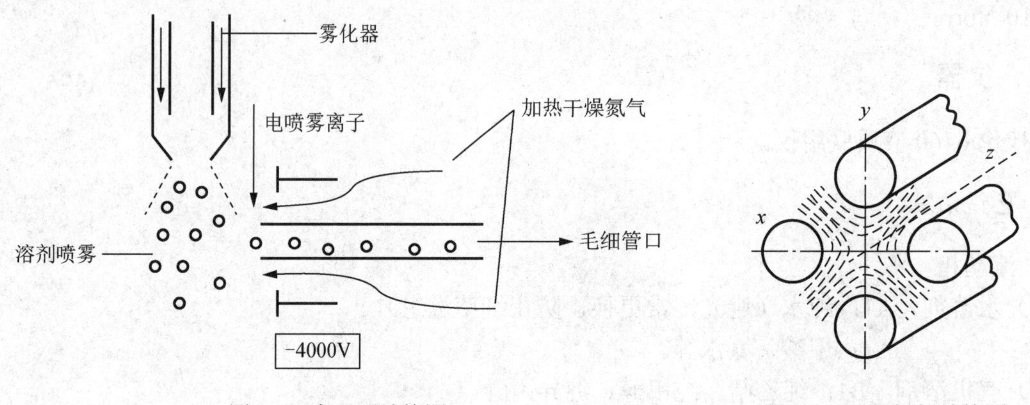

图 3-8　离子源结构图　　　　图 3-9　四级杆的结构图

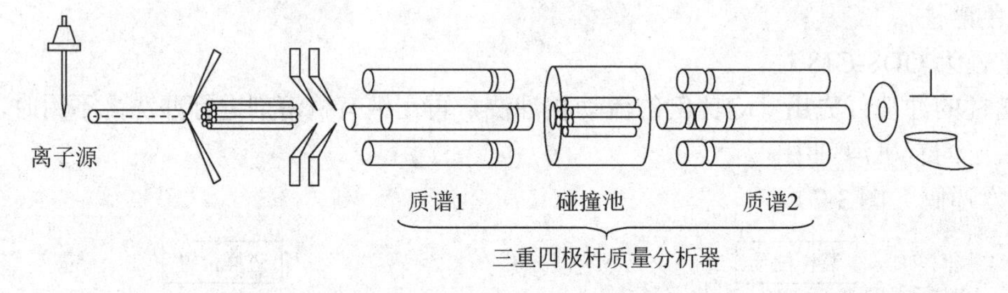

图 3-10　三重四极杆质量分析器

四、仪器方法建立

（一）一般性操作过程

（1）明确目标物，通过文献的搜集，整理出目标物的质谱参数（碰撞能、母离子、子离子及加速电压等）以及色谱系统中的梯度程序。

（2）准备好色谱系统中的流动相和色谱柱等。

（3）配置目标物的单标及混标，备用。

（二）仪器方法的建立

（1）确定目标物单标的质谱参数（无须连接色谱柱）。

（2）打开数据采集软件 Data Acquitation Mass Hunter（在线软件中正上方调出“HJJ.Method”文件夹中的“OPTIMIZE.m”方法）。

（3）在窗口下面的“Sample Run”中进行编辑：“Sample”（样品）下“Position”（样品位置）和“Injection Volume”（进样体积），“Data File”（数据文件）下“Name”（数据文件名）和“Path”（数据文件的存储路径）。

（4）母离子的确定。

① 打开“Method Editor”对话框，单击“QQQ”选项设置各参数，扫描方式：Scan。

② 运行：选择“Apply”→“Start”。

③ 运行完毕后，在“DA”位置单击“View Date”查看数据，进入“Qualitive Analysis”软件界面。

在“Qualitive Analysis”软件中自动跳出总离子流图，如图3-11所示。

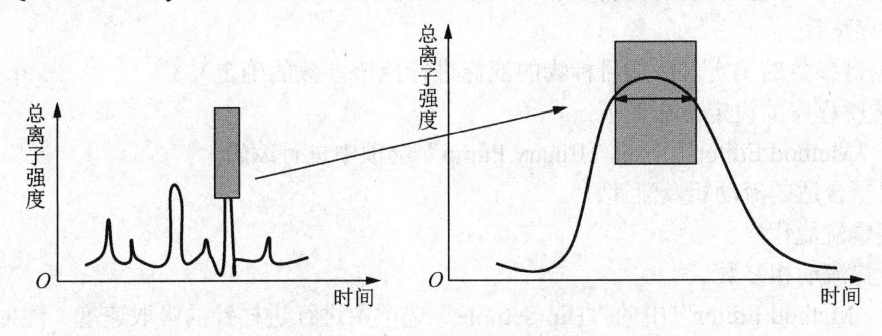

图3-11　总离子流图（母离子）

选择双向箭头图标，选取最高峰前后（任何位置出现的子离子均相同，只是响应强度不一）的一段范围，双击，在离子流图底下弹出丰度-质荷比图。查看是否出现文献中所示母离子，若有，进行下一步，否则再查找其他文献。

（5）子离子的确定。

① 关闭“Qualitive Analysis”软件，回到“Method Editor”中的“QQQ”界面。

② 设置质谱参数：包括扫描方式、加速加压母离子、扫描范围（根据相关文献确定范围，子离子扫描范围应将母离子包括在内）和扫描时间及碰撞能。

③ 运行：选择“Apply”→“Start”。

④ 同“母离子的确定”中步骤③。软件中出现的总离子流图如图3-12所示。

注意：查看是否出现文献中所示子离子时，若有，记录子离子与响应程度最高时的碰撞能；若无，可自行选取合适的 *m/z* 作为子离子，根据响应程度选择合适的碰撞能，最终记录相关信息。

确定子离子的依据：首先在各质谱图中找出响应程度较高（丰度比大）的离子，再对比不同碰撞能条件下各离子的响应程度。

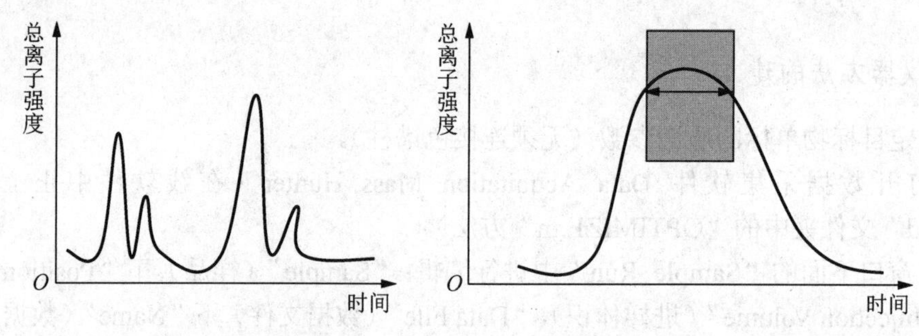

图 3-12 总离子流图（子离子）

（6）将质谱参数添加至方法中。

在“Method Editor”中新建一方法，在“QQQ”选项中设置以下质谱参数：

① 离子源：ESI。

② 时间段。

③ 扫描范围。

④ 来源：实际值与默认值要一致。

⑤ 保存路径。

（7）色谱参数的确定（添加目标物的混标进行色谱参数的确定）。

梯度洗脱程序的设定方法如下：

① 在“Method Editor”中的“Binary Pump”选项中进行编辑。

a.1 选择合适的流动相及流速。

b.1 编辑洗脱程序。

c.1 设置流动相参数。

② 在“Method Editor”中的“Hip Sample”选项中进行进样针的吸取速度、注射速度、吸取深度与平衡时间等的编辑。

③ 在“Properties”中填写储存路径，并保存。

（8）设置运行方法。

（9）洗脱程序的优化。使梯度程序时间尽量缩短，并使各物充分分离，并有足够强的响应程度。

至此，仪器方法建立完成。

五、思考题

（1）液相色谱-质谱联用仪分离分析的原理是什么？有什么特点？

（2）简述液相色谱-质谱联用仪构建方法的要点。

实验 49 液相色谱-质谱法对 4 种磺胺类物质的分析

一、实验目的

（1）熟悉液相色谱-质谱法分析的原理。

（2）掌握液相色谱-质谱分析方法建立的流程。
（3）掌握液相色谱-质谱联用仪器样品检测的基本操作。

二、实验原理

同实验 48。

三、仪器和试剂

1. 仪器

安捷伦 6460 液质联用仪。

2. 试剂

1）材料的准备（磺胺类单标与混标的配制）
（1）试剂准备。
溶剂：甲醇（应与原样品一致）。
单一标准品：磺胺二甲异噁唑（1000mg·L^{-1}）、磺胺嘧啶（1000 mg·L^{-1}）、磺胺甲基嘧啶（1000 mg·L^{-1}）和磺胺二甲异嘧啶钠（1000mg·L^{-1}）。
（2）仪器工具：移液枪、2mL 一次性注射器、0.22μm 滤膜、定量小管（1mL）。
（3）配制：各吸取 10μL 单标原样品至定量小管中，用甲醇定容至 1mL，再过膜转移至进样小瓶中。
2）参数的搜集
由相关文献查阅待测组分的质谱信息，见表 3-10。

表 3-10　组分的质谱信息

代号	名称	母离子（*m/z*）	子离子（*m/z*）	碰撞能/eV
S12	磺胺嘧啶	251.0	156.0	10
			185.1	15
S7	磺胺甲基嘧啶	265.1	156.0	10
			172.0	10
S13	磺胺二甲异嘧啶	279.0	124.1	20
			186.0	10
S15	磺胺二甲异噁唑	268.0	156.0	10
			113.0	10

四、实验步骤

1. 质谱参数的确定

参见实验 48 中“仪器方法的建立”相关内容。

2. 母离子的确定

参见实验 48 中“仪器方法的建立”相关内容。

3. 子离子的确定

参见实验 48 中“仪器方法的建立”相关内容。

4. 将质谱参数添加至方法中

参见实验 48 中“仪器方法的建立”相关内容。

5. 色谱参数的确定

参见实验 48 中“仪器方法的建立”相关内容。

6. 运行方法

参见实验 48 中“仪器方法的建立”相关内容。

7. 洗脱程序的优化

在图 3-13 中，出峰时间：a 为 4～5min，b 为 5.5～6.5min，c 为 7.8～9min，d 为 19～20min。由于 10～18min 无峰，需进行优化（表 3-11），缩短梯度洗脱的时间。

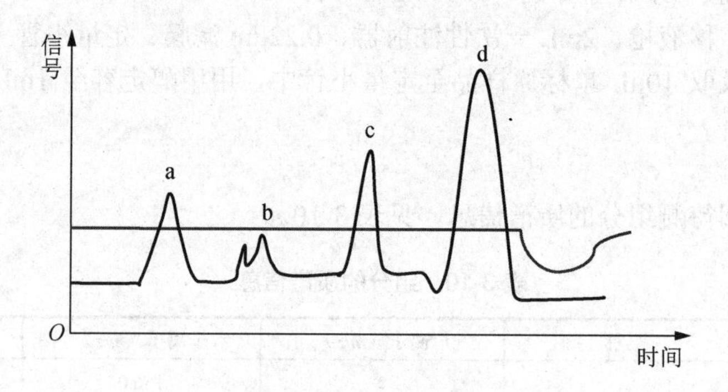

图 3-13 液相色谱图

表 3-11 优化记录表 1

时间/min	组分 A/%	组分 B/%	流速/（mL·min^{-1}）	压力上限/bar
0.00	90	10	0.25	550
2.00	90	10	—	—
10.00	85	15	—	—
16.00	20	80	—	—
18.00	20	80	—	—
20.00	90	10	—	—

注：1bar=0.1MPa。

结束时间：20 min。

由于 4～6 min 出现的两个峰比较相近，因此进行优化（表 3-12）。

表3-12　优化记录表2

时间/min	组分 A/%	组分 B/%	流速/（$mL \cdot min^{-1}$）	压力上限/bar
0.00	90	10	0.25	550
2.00	90	10	—	—
11.00	85	15	—	—
13.00	20	80	—	—
15.00	20	80	—	—
17.00	90	10	—	—

结束时间：17.00min。

优化后出峰时间：a为4～5.6min，b为5.7～6.5min，c为7.8～9min，d为14～14.7min。

为了进一步缩短c、d两个峰的间距，进行优化（表3-13）。

表3-13　优化记录表3

时间/min	组分 A/%	组分 B/%	流速/（$mL \cdot min^{-1}$）	压力上限/bar
0.00	90	10	0.25	550
2.00	90	10	—	—
10.00	85	15	—	—
11.00	20	80	—	—
13.00	20	80	—	—
15.00	90	10	—	—

结束时间：15min。

优化后出峰时间：a为4～5.5min，b为5.7～6.5min，c为7.8～9min，d为12.8～13.2min。

测定结果：b(S12)→c(S7)→a(S13)→d(S15)。

注：梯度洗脱的目的是使各物质尽可能分离，分离时间足够，且保证峰型尚佳。

五、液质联用仪的关机顺序

（1）在“Worklist”界面：①关闭所有程序（进样针、泵等）；②在“QQQ”空白处右击，选择“Vent”→“OK”。

（2）在“Method editor”界面：等待“Tubo1 speed”和“Tubo 2 speed”的值均降至10%以下。

（3）关闭色谱系统和质谱系统的开关。

（4）关闭记录系统（即计算机中打开的软件）。

（5）关闭主机开关。

（6）关闭氮气发生器前的阀门开关及氮气瓶总阀门。

（7）关闭氮气发生器。

（8）关闭电压控制器开关。

（9）关闭氮气发生器后面的开关。

（10）关闭总阀门。

六、注意事项

（1）相关参数的修改，如设定梯度洗脱程序时，应修改“Stop Time”。
（2）设置流动相参数时要选中“Binary Pump”。
（3）设定梯度洗脱程序时，从低有机溶剂比例开始，梯度增加应缓慢。

七、思考题

（1）液相色谱-质谱法建立的关键点是什么？
（2）简要总结液质联用仪操作的基本流程。

仪器分析创新实验

实验50　茶叶中咖啡因的提取及其红外光谱的测定

A 茶叶中咖啡因的提取

一、实验目的

（1）学习从茶叶中提取咖啡因的基本原理和方法。

（2）掌握利用索氏提取器提取有机物的原理和方法。

（3）掌握升华操作，进一步熟悉萃取、蒸馏等基本操作。

二、实验原理

茶叶中含有多种黄嘌呤衍生物的生物碱，其主要成分为含量为 1%～5%的咖啡因（又名咖啡碱），并含有少量茶碱和可可豆碱，以及含量为 11%～12%的丹宁酸（又称鞣酸），还有含量约 0.6%的色素、纤维素和蛋白质等。

咖啡因的化学名为1,3,7-三甲基-2,6-二氧嘌呤，其结构如图 4-1 所示。

纯咖啡因为白色针状结晶体，无臭，味苦，置于空气中有风化性；易溶于水、乙醇、氯仿、丙酮，微溶于石油醚，难溶于苯和乙醚。它是弱碱性物质，其水溶液对石蕊试纸呈中性反应。咖啡因在 100℃时失去结晶水并开始升华，120℃升华显著，178℃时很快升华。无水咖啡因的熔点为 238℃。咖啡因具有刺激心脏、兴奋大脑神经和利尿等作用，因此可单独作为有关药物的配方。咖啡因可由人工合成法或提取法获得。本实验采用索氏提取法从茶叶中提取咖啡因。利用咖啡因易溶于乙醇、易升华等特点，以 95%乙醇作溶剂，通过索氏提取器（或回流）进行连续抽提，然后浓缩、焙炒而得粗制咖啡因，再通过升华提取得到纯的咖啡因。

图 4-1　咖啡因的结构式

三、实验装置

（1）索氏提取器如图 4-2（a）所示。

（2）回流提取装置：在无索氏提取器的情况下，可采用回流提取装置［图 4-2（b)]。但一般回流提取装置所用溶剂量较大，且提取效果较索氏提取器差。

（3）升华装置如图 4-2（c）所示。

在蒸发皿中加入已充分干燥的待升华物质，蒸发皿上盖一张带有密集小孔的滤纸，再倒扣一个口径比蒸发皿略小的玻璃漏斗，即得到升华装置。为避免蒸气逸出，在漏斗颈部塞一小团棉花。

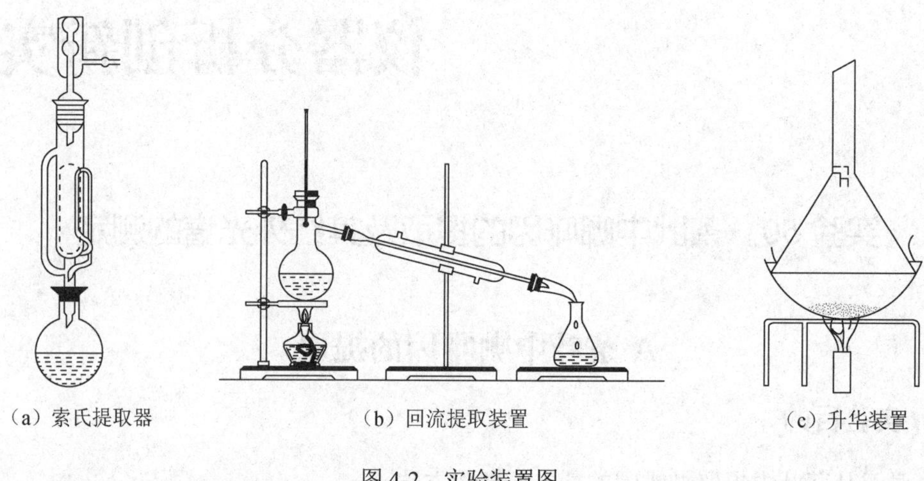

（a）索氏提取器　　（b）回流提取装置　　（c）升华装置

图 4-2　实验装置图

四、仪器和试剂

1. 器材

电热套、索氏提取器（1 套）、回流提取装置（1 套）、蒸发皿、玻璃漏斗、蒸馏头、接收管、50mL 锥形瓶、直形冷凝管。

2. 试剂

茶叶、95%乙醇、生石灰。试剂相关物理常数见表 4-1。

表 4-1　试剂相关物理常数

名称	性状	相对分子质量（M）	相对密度	熔点/℃	沸点/℃	折光率(n_D^{20})	溶解性
咖啡因	白色针状晶体	194.19	1.23	238	178	—	溶于水、醇、酮
乙醇	无色透明液体	46.07	0.79	−114	78.4	1.3614	与水以任意比例互溶

五、实验步骤

用滤纸制作圆柱状滤纸筒，称取 10g 茶叶末，装入滤纸筒中，将开口端折叠封住，放入提取筒中。将 150mL 圆底烧瓶安装于电热套上，放入 2 粒沸石，量取 95%乙醇 90mL，倒入烧瓶，安装好索氏提取装置。打开电源，加热回流，当提取筒中提取液颜色变得很浅时，说明被提取物已大部分被提取。停止加热，拆除索氏提取器（若提取筒中仍有少量提取液，倾斜使其全部流到圆底烧瓶中）。安装冷凝管进行蒸馏，蒸出提取液中的大部分乙醇，至提取液浓缩至 10mL 时，停止蒸馏，趁热把浓缩液倒入蒸发皿中。

往盛有提取液的蒸发皿中加入 4g 生石灰粉及 2 粒沸石，搅成浆状，放在电热套上加热蒸干，使之成粉状（不断搅拌，压碎块状物）。然后小火加热，焙炒片刻，除去水分。

在蒸发皿上盖一张刺有许多小孔且孔刺向上的滤纸，再在滤纸上罩一个大小适宜的玻璃漏斗，漏斗中塞一团棉花。把蒸发皿放在电热套上加热，适当控制温度，当发现有棕色烟雾时，即升华完毕，停止加热。冷却后，取下漏斗，轻轻揭开滤纸，用刮刀将附在滤纸下面的咖啡因针状晶体刮下。合并产品后称重，测定熔点。咖啡因产量为 40～60mg。

六、注意事项

（1）加入生石灰起中和作用，以除去丹宁酸等酸性物质。生石灰一定要研细。

（2）乙醇将要蒸干时，固体易溅出蒸发皿外，应注意防止着火。

（3）升华前，一定要将水分完全除去，否则在升华时漏斗内会出现水珠。遇此情况，可用滤纸迅速擦干水珠并继续焙烧片刻而后升华。

（4）升华过程中必须严格控制加热温度。

七、思考题

（1）索氏提取器的原理是什么？与直接用溶剂回流提取比较有何优点？

（2）升华前加入生石灰起什么作用？

（3）升华操作的原理是什么？

（4）为什么在升华操作中，加热温度一定要控制在被升华物熔点以下？

（5）为什么升华前要将水分除尽？

（6）除了升华，还可以用何种方法提纯咖啡因？

B 咖啡因的红外吸收光谱测定

一、实验目的

（1）了解傅里叶变换红外分光光度计的工作原理，学习红外分光光度计的使用方法。

（2）掌握常用的固态物质进行红外测定的制样方法——溴化钾压片法。

（3）学习利用红外光谱对有机化合物的结构进行定性鉴定。

二、实验原理

红外光谱是有机化合物结构鉴定的重要方法之一，它主要能提供有机物中所含官能团等信息。

测定红外光谱时，不同类型的样品须采用不同的制样方法。固态样品一般采用压片法和糊状法制样。压片法是将样品与溴化钾粉末混合，研磨均匀后，压制成厚度约为 1mm 的透明薄片；糊状法是将样品研磨成足够细的粉末，然后用液状石蜡或四氯化碳调成糊状，并将糊状物薄薄地均匀涂布在溴化钾晶片上。由于石蜡或四氯化碳本身在红外光谱中有吸收，所以在解析谱图时要将它们产生的吸收峰扣除。

测绘样品的红外光谱图仅仅是化合物结构鉴定工作的第一步，更重要的是对红外光谱图进行解析。红外光谱图中有很多吸收峰，含有丰富的结构信息，但其中有许多我们还不能准确地解释。对于初学者来说，主要应掌握 4000～1500cm^{-1} 官能团特征频率区的吸收峰和 1500cm^{-1} 以下一些重要吸收峰的归属，并学会红外标准谱图的查阅或标准谱库的计算机检索方法。

三、仪器和试剂

器材：红外分光光度计、红外干燥灯、不锈钢镊子和样品刮刀、玛瑙研钵、试样纸片、压模、压片机、磁性样品架、无水乙醇浸泡的脱脂棉等。

试剂：咖啡因、溴化钾粉末。

四、实验步骤

（1）开启仪器，启动计算机，进入“OMNIC”窗口。

（2）压片法制样：取 1～2mg 干燥试样，放入玛瑙研钵中，加入 100mg 左右的溴化钾粉末，磨细研匀。按照顺序放好压模的底座、底模片、试样纸片和压模体，然后将研磨好的含试样的溴化钾粉末小心放入试样纸片中央的孔中，将压杆插入压模体，在插到底后，轻轻转动使加入的溴化钾粉末铺匀。把整个压模放到压片机的工作台垫板上，旋转压力丝杆手轮压紧压模，顺时针旋转放油阀到底，然后缓慢上下压动压把，观察压力表。当压力达到 1×10^5～1.2×10^5kPa（100～120kg·cm^{-2}）时，停止加压，维持 2～3min，逆时针旋转放油阀，压力解除，压力表指针回到“0”，放松压力丝杆手轮，取出压模，即可得到固定在试样纸片孔中的透明晶片。将试样纸片小心放在磁性样品架的正中央，压上磁性片。制好的试样供下一步收集样品图时用。

（3）绘制试样咖啡因的红外光谱图并进行标准谱库检索。整个过程包括：①设定收集参数；②收集背景；③收集样品图；④对所得试样谱图进行基线校正、标峰等处理；⑤检索标准谱库；⑥打印谱图。

（4）收集样品图完成后，即可从样品室中取出样品架。用浸有无水乙醇的脱脂棉将用过的研钵、镊子、刮刀、压模等清洗干净，置于红外干燥灯下烘干，以备制作下一个试样。

五、谱图解析

（1）对照试样的结构，确定红外谱图中吸收峰的归属。4000～1500cm^{-1} 区域的每一个峰都应讨论，小于 1500cm^{-1} 的区域选择主要的吸收峰进行讨论。

（2）记录计算机谱库检索的结果，并对检索结果进行评价和讨论。

六、注意事项

（1）制样时，试样量过多，制得的试样晶片太厚，透光率差，则收集到的谱图中强峰超出检测范围；试样量太少，制得的晶片太薄，则收集到的谱图信噪比差。

（2）红外光谱实验应在干燥的环境中进行，因为红外分光光度计中的一些透光部件是由溴化钾等易溶于水的物质制成的，在潮湿的环境中极易损坏。另外，水本身能吸收红外光产生强的吸收峰，会干扰试样的谱图。

七、思考题

（1）化合物的红外光谱是怎样产生的？它能提供哪些重要的结构信息？

（2）为什么甲基的伸缩振动出现在高频区？
（3）单靠红外光谱分析能否得到未知物的准确结构？为什么？
（4）对含水的样品，是否能直接测定其红外光谱？为什么？

实验 51　烟叶中烟碱的提取及其紫外光谱分析

A 烟叶中烟碱的提取

一、实验目的

（1）学习从烟草中提取烟碱的基本原理和方法。
（2）初步了解烟碱的一般性质。
（3）掌握水蒸气蒸馏的操作技术。

二、实验原理

烟草中含有多种生物碱，除主要成分烟碱（含量为 2%～8%）外，还含有去甲烟碱、假木烟碱和多种微量的生物碱。烟碱又名尼古丁，是由吡啶和吡咯两种杂环组成的含氮碱。

烟碱学名为 *N*-甲基-2[$\alpha(\beta，\gamma)$]-吡啶基四氢吡咯。

烟碱的结构式如图 4-3 所示。

由于烟碱是含氮的碱，因此很容易与盐酸反应生成烟碱盐酸盐而溶于水。此提取液中加入 NaOH 后可使烟碱游离。游离烟碱在 100℃左右具有一定的蒸气压，因此，可用水蒸气蒸馏法分离提取。

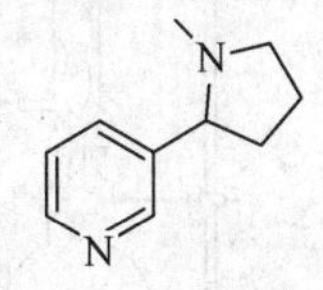

图 4-3　烟碱的结构式

三、仪器和试剂

1. 仪器

长颈圆底烧瓶（250mL）、圆底烧瓶（100mL）、直形冷凝管、电热套、玻璃棒、试管、止水夹、蒸汽导管（导入、导出）、烧杯（100mL）、球形冷凝管、接液管、T 形管、滴管、酒精灯、锥形瓶（100mL）、量筒（100mL）。

2. 试剂

烟叶（或烟丝）、HCl 溶液（10%）、NaOH 溶液（40%）、$KMnO_4$ 溶液（0.1%）、酚酞（0.1%）、Na_2CO_3 溶液（5%）、苦味酸（饱和）、红色石蕊试纸、沸石。

四、实验步骤

1. 烟碱的提取

将烟叶置于 100mL 圆底烧瓶内，加入 20mL 10% HCl 溶液，如图 4-4（a）所示，安装好回流装置，回流 20min。

将反应化合物冷却至室温，在不断搅拌下慢慢滴加 40% NaOH 溶液，使之呈明显碱性（用红色石蕊试纸检验）。

按图 4-4（b）安装好水蒸气蒸馏装置。通入冷却水后，用电热套加热水蒸气发生器，当有大量水蒸气产生时，关闭 T 形管上的止水夹。

收集约 10 mL 提取液后，先打开止水夹，再停止加热。待体系稍冷却，关闭冷却水。

2. 烟碱的性质检验

（1）碱性实验：取 10 滴烟碱提取液，加入 1 滴 0.1%酚酞，振摇并观察现象。另取 1 滴烟碱提取液在红色石蕊试纸上，观察试纸的颜色变化。解释上述现象。

（2）氧化反应：取 20 滴烟碱提取液，加入 1 滴 0.1% $KMnO_4$ 溶液和 3 滴 5% Na_2CO_3 溶液，摇动试管，于酒精灯上微热，观察颜色是否变化，有无沉淀生成。

（3）与生物碱的反应：取 10 滴烟碱提取液，逐滴加入饱和苦味酸，边加边摇动，观察有无黄色沉淀生成。

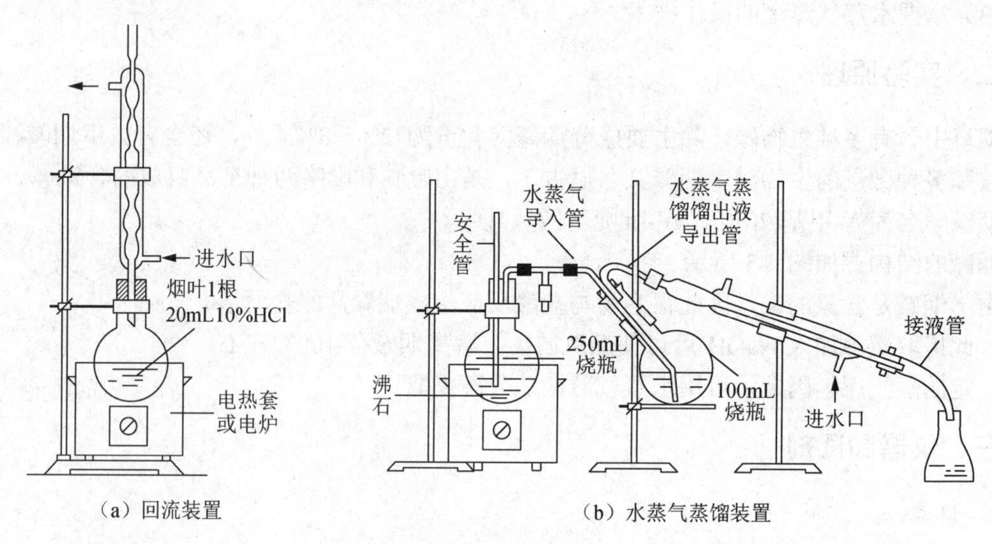

（a）回流装置　　（b）水蒸气蒸馏装置

图 4-4　实验装置图

五、注意事项

（1）根据热源高度固定铁架台上铁圈的位置。

（2）将 100mL 两颈圆底烧瓶用铁夹固定在垫有石棉网的铁圈上，加入 25～30mL 自来水和几粒碎瓷片。

（3）将具支试管装好样品后，从双颈圆底烧瓶的上口插入，蒸馏试管的底部应在烧瓶中水的液面之上。

（4）将 T 形管一端与双颈圆底烧瓶的侧口相连，一端插入试管底部。

（5）用另一个铁架台上的铁夹将冷凝管的位置调整好以后，使之与具支试管的支管相连，然后装好接引管和接收容器。

（6）松开冷凝管夹，通入冷凝水以后，开始加热。待水沸腾产生蒸汽以后，用止水夹将 T 形管的上端夹紧，这时蒸汽就导入蒸馏试管中，开始蒸馏。

（7）蒸馏完毕，应先松开止水夹，再移去热源，以免因圆底烧瓶中蒸气压的降低而发生倒吸现象。

六、思考题

（1）与普通蒸馏相比，水蒸气蒸馏有何特点？在什么情况下可采用水蒸气蒸馏的方法进行分离提取？

（2）水蒸气蒸馏提取烟碱时，为什么要用 NaOH 中和至呈明显碱性？

（3）如果没有 100mL 蒸馏烧瓶，你能利用微型化学制备仪器组成微型水蒸气蒸馏装置吗？试绘制装置图。

（4）蒸馏过程中若发现水从安全管顶端喷出或发生倒吸现象，应如何处理？

B 烟碱的紫外光谱分析

一、实验目的

（1）掌握紫外光谱的原理和应用范围。

（2）学习紫外分光光度计的使用方法。

二、实验原理

分子吸收紫外或可见光后，其价电子能在能级间发生跃迁。有机分子中有 4 种不同性质的价电子：成键的 $\sigma\rightarrow\sigma^*$、$n\rightarrow\sigma^*$、$\pi\rightarrow\pi^*$、$n\rightarrow\pi^*$。不同分子因电子结构不同而有不同的电子能级和能级差，能吸收不同波长的紫外光，产生特征的紫外光谱。所以，紫外及可见光谱能用于有机化合物结构鉴定，它主要能提供有机物中电子结构方面的信息。在相同的测定条件下，指定波长处的吸光度与物质的浓度成正比，因此紫外光谱也能用于定量分析。紫外光谱的基本原理，请参阅朱明华主编的《仪器分析》的“紫外-可见吸收光谱法”。

检测和记录紫外及可见光谱的仪器称为紫外-可见光谱仪或紫外-可见分光光度计（只能检测紫外光区域的仪器称为紫外光谱仪或紫外分光光度计）。一般的紫外-可见分光光度计的检测范围在 190～800nm。由于 $\sigma\rightarrow\sigma^*$、$n\rightarrow\sigma^*$两种电子跃迁所需的能量较大，只能吸收波长较短（小于 200nm）的远紫外光，不能为普通的紫外-可见分光光度计所检测。所以紫外光谱有较大的局限性，绝大部分饱和化合物在紫外和可见光区域不产生吸收信号，但具有共轭双键的化合物或芳香族化合物能产生强吸收峰，是紫外光谱的主要研究对象。烟碱的分子结构中含有取代的苯环和四氢吡咯环，所以能用紫外光谱法测定。

三、仪器和试剂

（1）紫外分光光度计。

（2）1cm 石英比色皿、胶头滴管、镜头纸等。

（3）样品和试剂：A 中提取的烟碱样品、去离子水。

四、实验步骤

（1）开启紫外分光光度计。按仪器说明书开启仪器，选择“光谱测量”方式，打开“光谱测量”工作窗口。

（2）设定参数。设定波长扫描范围为开始波长 600nm，结束波长 200nm；扫描速度为快速；测光方式为 Abs（即吸光度）等。

（3）制样及采集样品谱图。以水为溶剂测定烟碱：将去离子水注入石英比色皿，用镜头纸轻轻擦干比色皿的外壁，然后将其插入样品架，单击“Baseline”，作基线校正。然后取出比色皿，用滴管吸取少量烟碱馏出液加入，搅拌均匀。重新将比色皿插入样品池架。最后单击“Start”，采集样品的光谱图。

（4）谱图处理和打印。在所采集的紫外光谱图上标注最大吸收波长并设置打印格式。做法为选择“数据处理”→“峰值检出”（或单击相应的工具按钮），弹出“峰值检出”对话框，同时显示当前通道的谱图及峰和谷的波长值。可在对话框的“坐标”和“页面设置”等栏目中设置想要的谱图格式。需要打印时，单击对话框中的“打印”按钮即可。

五、图谱解析

根据紫外光谱的基本原理和烟碱的分子结构，解释烟碱紫外光谱图中各个吸收带是由哪种电子跃迁产生的什么吸收带。

六、注意事项

（1）在测定样品的紫外光谱之前，必须对空白样品（即纯溶剂）进行基线校正，以消除溶剂吸收紫外光的影响。用同一种溶剂连续测定若干个样品时，只需做一次基线校正。因为校正数据能自动保存在当前内存中，可反复使用。

（2）紫外光谱的灵敏度很高，应在稀溶液中进行测定，因此测定时样品应尽量少。

（3）取、放比色皿时，尽量不接触比色皿的透光面，以免将其磨毛；比色皿在插入样品架前，需将其外壁擦干，否则水或其他溶剂带入样品池架会使其腐蚀。

七、思考题

（1）紫外光谱适合于分析哪些类型的化合物？

（2）你合成过的化合物中哪几个能用紫外光谱分析？哪几个不能用紫外光谱分析？为什么？

实验 52　玉米须中黄酮和多糖的提取、鉴别与含量测定

一、实验目的

通过对玉米须中黄酮和多糖的分步提取、鉴别和含量测定，掌握天然产物的提取、鉴别和含量测定的方法。

二、实验原理

黄酮类化合物多为结晶性固体，少数（如黄酮苷类）为无定形粉末。黄酮类化合物多为

黄色，其颜色的深浅与其是否具有交叉共轭体系及助色团的多少有关。一般具有交叉共轭体系的黄酮类化合物（如黄酮、黄酮醇、查耳酮）多呈黄色或颜色较深，而不含交叉共轭体系的黄酮类化合物（如二氢黄酮、二氢查耳酮、异黄酮）多为无色或颜色较浅。黄酮类化合物在紫外光下一般具有荧光，荧光的颜色与分子的结构有关。黄酮类化合物的溶解度因其结构及存在的状态（苷或苷元、单糖苷、双糖苷或三糖苷）不同而有很大的差异。一般的游离黄酮苷元难溶或不溶于水，易溶于甲醇、乙醇、乙酸乙酯、乙腈等有机溶剂及稀碱中。黄酮类化合物糖苷化后，水溶性增加，脂溶性降低，一般易溶于热水、甲醇、乙醇及稀碱溶液，而难溶于苯、乙醚、氯仿、石油醚等亲脂性有机溶剂。游离黄酮和黄酮苷一般含有酚羟基，故都可溶于碱中，加酸后又沉淀出来，可利用此性质提取、分离黄酮类化合物。

玉米须中含有黄酮类物质，能清除羟基和 DPPH（1,1-二苯基-2-三硝基苯肼）自由基，有调节小鼠脂质代谢、抗衰老和抗疲劳的作用。研究结果表明，低浓度的玉米须提取物也有很好的抗氧化能力。

多糖又称多聚糖，是由单糖聚合成的聚合度大于 10 的极性大分子，相对分子质量为数万至数百万，是构成生命活动的四大基本物质之一，与生命的多种生理功能密切相关。多糖是自然界含量最丰富的生物聚合物，存在于大多数生物体中。多糖的种类繁多，传统水提法是研究和应用得最多的一种提取多糖的方法。水提法可用水煎煮提取，也可用冷水浸提。

玉米须多糖在玉米须中的含量为 1%～4%，是玉米须主要的水溶性成分之一。大量实验证明，多糖具有抗病毒、增强免疫力、抗肿瘤、延缓衰老、降血糖、抗凝血等多种功效。

三、仪器和试剂

1. 仪器

圆底烧瓶，冷凝管，烧杯 2 只，10mL、50mL 量筒各 1 个，滤布，滴管，蒸发皿，pH 试纸，玻璃棒，恒温槽，减压装置一套，容量瓶；紫外分光光度计。

2. 试剂

玉米须 10.0g（干燥至恒重，过 40 目筛，精密称取）、乙醇、蒸馏水、浓盐酸、浓硫酸、苯酚、三氯化铝、锌粉、萘酚。

四、实验步骤

1. 提取

1）黄酮

取玉米须柱头 2.0g 放入圆底烧瓶中，以 1∶20 为料液比，用 60%乙醇于 80℃水浴内提取 1h；倒出，加入 10mL 乙醇提取 30min，共提取两次，合并两次提取液过滤后，置于 50mL 容量瓶中定容。

2）多糖

取玉米须柱头 2.0g 放入圆底烧瓶中，以 1∶20 为料液比，用蒸馏水于 90℃水浴内提取 1h；倒出，加入 10mL 蒸馏水提取 30min，共提取两次，合并两次提取液过滤后，置于 50mL 容量瓶中定容。

2. 鉴别

1）α-萘酚实验（Molisch 紫环反应）

取检品的水溶液 1mL，加 5%萘酚试液数滴，振摇后，沿管壁滴入 5～6 滴浓硫酸，使成两液层，待 2～3min 后，两层液面出现紫红色环（糖、多糖或苷类）。

多糖类遇浓硫酸被水解成单糖，单糖被浓硫酸脱水闭环，形成糠醛类化合物，在浓硫酸存在下与 α-萘酚发生酚醛缩合反应，生成紫红色缩合物。

2）盐酸-镁（或锌）粉试验

取检品的乙醇溶液 1mL，加入少量镁粉（或锌粉），然后加 4～5 滴浓盐酸，置于沸水浴中加热 2～3min，如出现红色，说明有游离黄酮类或黄酮苷（以同法不加镁粉做对照，如两管都显红色则有花色素存在）。

黄酮类的乙醇溶液在盐酸存在的情况下，能被镁粉还原，生成花色苷元而呈现红色或紫色反应（个别为淡黄色、橙色、紫色或蓝色）。这是由于酮类化合物分子中含有一个碱性氧原子，能溶于稀酸中被还原成带四价的氧原子即锌盐。本法可鉴别黄酮类，但花色素本身在酸性下（不需加镁粉）呈红色，应加以区别。

3. 含量测定方法

（1）黄酮含量测定

精确移取玉米须黄酮提取液 4mL 于 10mL 容量瓶中，精确加入 0.1mol·L^{-1} 三氯化铝甲醇显色剂溶液 4mL，摇匀，定容，放置 10min。以 60%乙醇为空白，测定吸光度。回归方程为 y=29.302x+0.0213，相关系数 r=0.9999。将测定的吸光度代入上述回归方程中，计算出含量。黄酮在 4~20μg·mL^{-1} 范围内，吸收度和黄酮含量呈良好的线性关系。

（2）多糖含量测定

取玉米须多糖提取液 5mL，定容于 25mL 容量瓶，摇匀。从 25mL 容量瓶中移取 0.5mL 至 10mL 具塞试管，加 1mL 5%苯酚、3.5mL 浓硫酸，置于 40℃恒温水浴 30min，自然冷却 15min 至室温，在 490nm 处测定吸光度，在标准曲线上计算浓度，最后计算出得率。同时精确吸取蒸馏水 0.5mL 至 10mL 具塞试管中，加入 5%苯酚溶液 1mL，迅速加入 3.5mL 浓硫酸，迅速摇匀，同法做空白，在 490nm 波长处测定吸收度。回归方程为 y=0.0038+5.91x，相关系数 r=0.9999。将测定的吸光度代入上述回归方程中，计算出含量。糖含量在 60～140μg·mL^{-1} 范围内，吸收度和糖含量呈良好的线性关系。

五、注意事项

玉米须柱头需完全浸泡入水或乙醇中。

六、思考题

1．实验过程中，影响玉米须中多糖提取液的因素有哪些？

2．实验过程中存在哪些误差影响实验产率？

实验 53　高效液相色谱法测定原料乳与乳制品中三聚氰胺的含量

一、实验目的

（1）掌握从食品中提取三聚氰胺的方法。
（2）掌握高效液相色谱仪的使用方法。

二、实验原理

三聚氰胺是一种三嗪类含氮杂环有机化合物，微溶于水，可溶于甲醇、甲醛、乙酸、热乙二醇、甘油、吡啶等。本实验用三氯乙酸溶液和乙腈提取试样，粗提液经阳离子交换固相萃取柱净化后，用高效液相色谱法测定，然后用外标法定量。

三、仪器和试剂

1. 仪器

阳离子交换固相萃取柱、定性滤纸、海砂、微孔滤膜。

高效液相色谱仪、分析天平、离心机、超声波水浴器、固相萃取装置、氮气吹干仪、涡旋混合器、50mL 具塞塑料离心管、研钵。

2. 试剂

甲醇、乙腈、25%～28%的氨水、三氯乙酸、柠檬酸、辛烷磺酸钠、甲醇水溶液（含 50mL 甲醇和 50mL 水）、三氯乙酸溶液（1%）、氨化甲醇溶液（5%）、离子对试剂缓冲液（由柠檬酸和辛烷磺酸钠配制）、三聚氰胺标准品（CAS108-78-01，纯度>99.0%）、三聚氰胺标准储备液（$1mg \cdot mL^{-1}$）、氮气（纯度≥99.999%）。所有试剂均为分析纯，水为 GB/T 6682—2008《分析实验室用水规格和试验方法》规定的一级水。

四、实验步骤

1. 样品提取

1）液态奶、奶粉、酸奶、冰淇淋和奶糖等

称取 2g（精确至 0.01g）试样于 50mL 具塞塑料离心管中，加入 15mL 三氯乙酸溶液和 5mL 乙腈，超声提取 10min，再振荡提取 10min 后，以不低于 $4000r \cdot min^{-1}$ 转速离心 10min。上清液经用三氯乙酸溶液润湿的滤纸过滤后，用三氯乙酸溶液定容至 25mL。移取 5mL 滤液，加入 5mL 水混匀后作待净化液。

2）奶酪、奶油和巧克力等

称取 2g（精确至 0.01g）试样于研钵中，加入适量海砂（试样质量的 4～6 倍）研磨成干粉状，转移至 50mL 具塞塑料离心管中，用 15mL 三氯乙酸溶液分数次清洗研钵，清洗液转入离心管中，再往离心管中加入 5mL 乙腈，超声提取 10min，再振荡提取 10min 后，以不低于 4000r·min^{-1} 转速离心 10min。上清液经三氯乙酸溶液润湿的滤纸过滤后，用三氯乙酸溶液定容至 25mL。移取 5mL 滤液，加入 5mL 水混匀后作待净化液。若样品中脂肪含量较高，可以用三氯乙酸溶液饱和的正己烷除脂后再用 SPE 柱净化。

2. 样品净化

将待净化液转移至固相萃取柱中。依次用 3mL 水和 3mL 甲醇洗涤，抽至近干后，用 6mL 氨化甲醇溶液洗脱。整个固相萃取过程流速不超过 1mL·min^{-1}。洗脱液于 50℃下用氮气吹干，残留物（相当于 0.4g 样品）用 1mL 流动相定容，涡旋混合 1min，过微孔滤膜后，供高效液相色谱仪测定。

3. 高效液相色谱法测定

1）标准曲线的绘制

用流动相将三聚氰胺标准储备液逐级稀释得到浓度为 0.8μg·mL^{-1}、2μg·mL^{-1}、20μg·mL^{-1}、40μg·mL^{-1}、80μg·mL^{-1} 的标准工作液，按浓度由低到高进样检测，以峰面积–浓度作图，得到标准曲线回归方程。

2）定量测定

待测样液中三聚氰胺的响应值应在标准曲线线性范围内，超过线性范围则应稀释后再进样分析。

3）空白试验

除不称取样品外，均按上述测定条件和步骤进行。

本方法的定量限为 2mg·kg^{-1}。在 2～10mg·kg^{-1} 浓度范围内，回收率在 80%～110%，相对标准偏差小于 10%。在重复性条件下获得的两次独立测定结果的绝对差值不得超过算术平均值的 10%。

4. 结果计算

样品中三聚氰胺的含量按下列公式进行计算。

$$X = \frac{c \times V \times 1000}{m \times 1000}$$

式中：X——样品中三聚氰胺的含量（mg·kg^{-1}）；

c——从曲线上查得的样品中三聚氰胺的浓度（mg·L^{-1}）；

V——样品总体积（mL）；

m——样品质量（g）。

五、思考题

1. 高效液相色谱法测定三聚氰胺的原理是什么？
2. 影响实验结果的因素有哪些？

附：三聚氰胺光谱图。

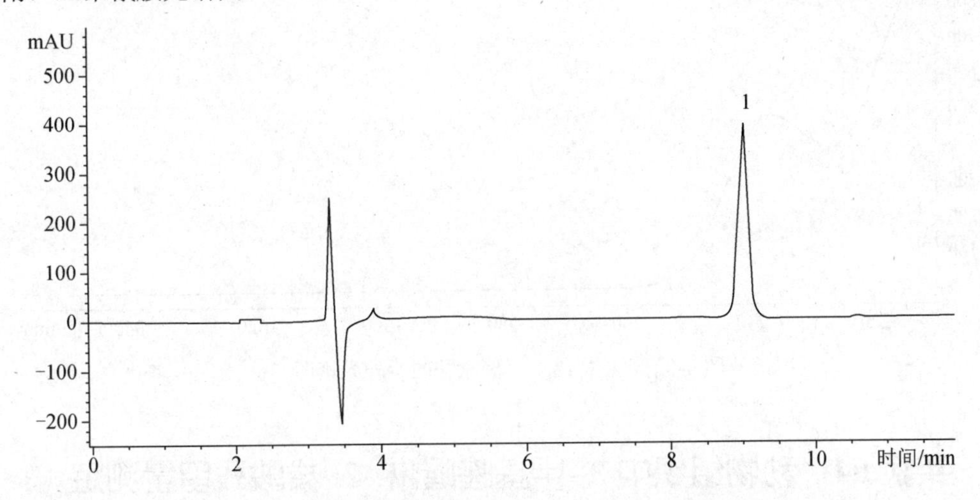

图 4-5　三聚氰胺标准品高效液相色谱图（1—三聚氰胺）

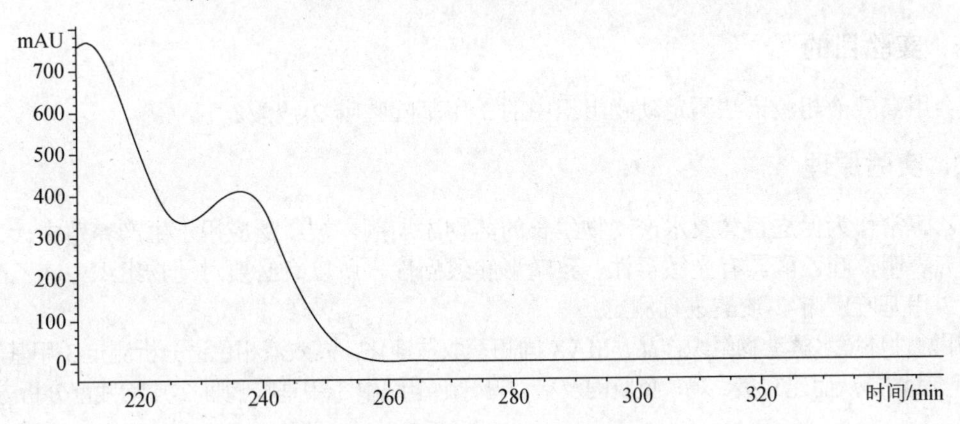

图 4-6　三聚氰胺标准品紫外光谱图

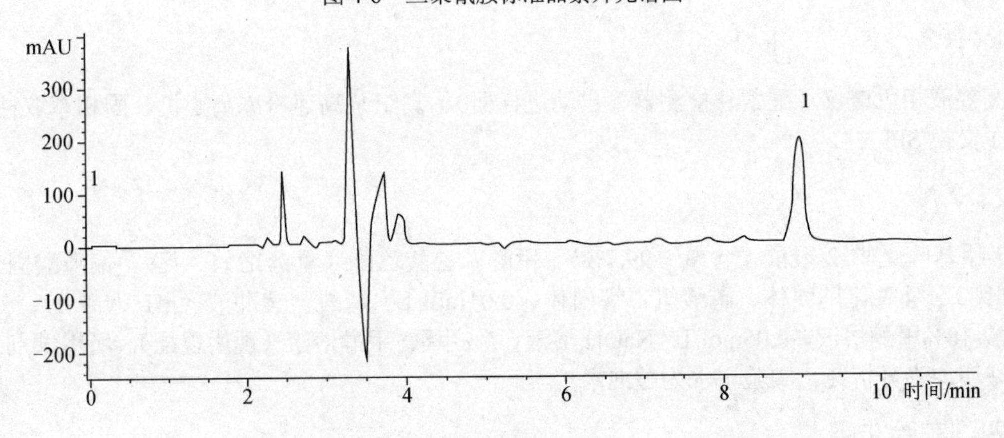

图 4-7　奶粉样品三聚氰胺液相色谱图（1—三聚氰胺）

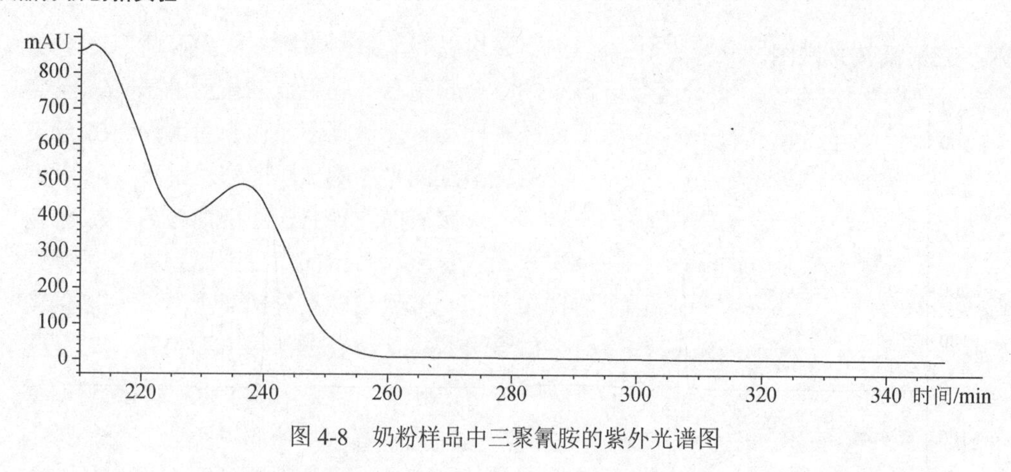

图 4-8　奶粉样品中三聚氰胺的紫外光谱图

实验 54　动物组织中 3–甲基喹喔啉–2–羧酸残留量测定

一、实验目的

学会用高效液相色谱法测定动物组织中的 3-甲基喹喔啉-2-羧酸。

二、实验原理

喹乙醇常作为促进畜禽及水产动物生长的药物添加剂，被广泛应用于生产养殖中。毒理实验研究表明，喹乙醇具有光敏毒性、致畸形和致癌性，所以有必要对动物组织中喹乙醇的残留物 3-甲基喹喔啉-2-羧酸进行测定。

采用酸性环境水解动物组织样品，MAX 固相萃取柱净化，高效液相色谱分析测定 3-甲基喹喔啉-2-羧酸残留，从而建立猪、鸡、鱼肌肉及猪、鸡肝脏组织中 3-甲基喹喔啉-2-羧酸残留分析方法。

三、仪器和试剂

1. 仪器

高效液相色谱仪（配紫外检测器、自动进样器）、真空泵高速冷冻离心机、固相萃取柱、阴离子交换 SPE 柱。

2. 试剂

3-甲基喹喔啉-2-羧酸（含量≥99.7%）、甲醇、乙酸乙酯（重蒸馏）、甲酸、偏磷酸固体（化学纯）、氢氧化钠固体、磷酸氢二钾固体、0.01mol·L^{-1} 磷酸盐缓冲液（pH 为 7.0）、5% 偏磷酸-10%甲醇溶液、0.05mol·L^{-1} NaOH 溶液、2%甲酸–甲醇溶液（现用现配）。所用试剂未特殊注明均为分析纯。实验用水为超纯水。

四、实验步骤

1. 试样的制备与保存

组织样品取自猪、鸡、鱼肌肉，肝脏样品购置于菜市场，绞碎，于冰箱中–20℃储存备用。

2. 提取

称取5.0g不同动物组织样品，加5%偏磷酸-10%甲醇溶液8mL，旋涡混合2min，$6000r\cdot min^{-1}$转速离心 10min，取出上清液，再按上述步骤重复提取一次，合并两次提取液。在提取液中加乙酸乙酯 8mL，旋涡混合 1min，$4000r\cdot min^{-1}$转速离心 10min，取上清液，再用 8mL 乙酸乙酯重复萃取一次，合并乙酸乙酯层。然后在提取液中加入 $0.01mol\cdot L^{-1}$磷酸盐缓冲液（pH 为 7.0）5mL，旋涡混合 1min，放置 10min 收集下层水相，再按上述步骤重复提取一次，合并水相。若为肝脏样品，还需再将水相用 8mL 正己烷脱脂，收集水相。

3. 净化

采用 3mL 甲醇、3mL 水活化 MAX 固相萃取柱，待样品提取液全部流出后，分别用 3mL $0.05mol\cdot L^{-1}$ NaOH 和 3mL 甲醇淋洗，除去杂质，最后用 2%甲酸-甲醇溶液 3mL 洗脱，收集洗脱液，45℃空气流吹至近干，加 0.2mL 甲醇溶解残渣，充分混合后，于 $3000r\cdot min^{-1}$转速离心 3min，沉降杂质，取上清液，待测。

4. 测定

1）高效液相色谱条件

色谱柱：C18，250mm×4.6mm，粒径 5μm。

柱温：30℃。

流动相：甲醇∶水=35∶65（体积比），加入 1%甲酸作为改性剂。

流速：$1.0mL\cdot min^{-1}$。

进样量：40μL。

测定波长：320nm。

2）标准曲线绘制

用流动相将 3-甲基喹喔啉-2-羧酸标准储备液逐级稀释得到浓度为 $25\mu g\cdot mL^{-1}$、$50\mu g\cdot mL^{-1}$、$100\mu g\cdot mL^{-1}$、$250\mu g\cdot mL^{-1}$、$500\mu g\cdot mL^{-1}$的标准工作液，按浓度由低到高进样检测，以峰面积-浓度作图，得到标准曲线回归方程。

3）定量测定

取样液进行测定，待测样液中 3-甲基喹喔啉-2-羧酸的响应值应在标准曲线线性范围内，超过线性范围则应稀释后再进样分析。

五、思考题

（1）本实验采用酸性条件水解样品，用乙酸乙酯直接提取，有什么好处？

（2）本实验在进行 MAX 固相萃取柱净化前，为什么要将水相用 8mL 正己烷脱脂？

实验 55 催化光度法测定纺织品中的铬

一、实验目的

（1）掌握催化光度法的基本原理。

（2）掌握紫外-可见分光光度计的使用方法。

（3）掌握纺织品样品分解处理方法。

二、实验原理

催化光度法的基本原理是用光度法测量受均液相催化加速的某一化学反应的速度，其数值与催化剂浓度存在一定的函数关系（常为线性关系），据此可测定催化剂的含量。在硫酸介质中，过氧化氢能氧化酸性品红褪色，而铬（Ⅵ）能明显地催化这一反应，其催化程度与铬（Ⅵ）的浓度有关，据此可依据催化动力学分光光度法测定痕量铬（Ⅵ）。

三、仪器与试剂

紫外-可见分光光度计、电子分析天平、恒温水浴箱、超声波清洗器。$1\times10^{-3}mol\cdot L^{-1}$ 酸性品红溶液、30%过氧化氢溶液、$1\times10^{-3}mol\cdot L^{-1}$ 硫酸溶液、$1\mu g\cdot mL^{-1}$ 铬（Ⅵ）标准溶液、酸性汗液。

四、实验步骤

1. 方法

取两支 25mL 具塞比色管，分别加入 0.8mL 酸性品红溶液、3.5mL 硫酸溶液、1.0mL 过氧化氢溶液，其中一支具塞比色管加入一定量铬（Ⅵ）标准溶液，另一支不加，用二次蒸馏水稀释至刻度，摇匀。在一定温度下加热后，流水冷却至室温。用 1cm 比色皿，以蒸馏水作参比，在吸收波长 542nm 处分别测定催化体系［含铬（Ⅵ）］和非催化反应体系的吸光度 A 和 A_0，并计算吸光度差值 ΔA（$\Delta A=A_0-A$）。

2. 硫酸用量的选择

固定其他条件不变，改变硫酸用量，分别为 3.0mL、3.2mL、3.4mL、3.5mL、3.6mL、3.8mL 和 4.0mL，分别测定催化体系［含铬（Ⅵ）］和非催化反应体系的吸光度 A 和 A_0，并计算吸光度差值 ΔA（$\Delta A=A_0-A$）。以硫酸的体积为横坐标，吸光度差值 ΔA 为纵坐标，绘制 $\Delta A-V$ 曲线。从曲线中观察过氧化氢用量的情况，找出合适的硫酸用量。

3. 过氧化氢用量的影响

固定其他反应条件不变，取过氧化氢 0.7mL、0.8mL、0.9mL、1.0mL、1.1mL、1.2mL 和 1.3mL 分别进行试验，测定催化体系［含铬（Ⅵ）］和非催化反应体系的吸光度 A 和 A_0 值，并计算吸光度差值 ΔA（$\Delta A=A_0-A$）。以过氧化氢的体积为横坐标，吸光度差值 ΔA 为纵坐标，绘制 $\Delta A-V$ 曲线。从曲线中观察过氧化氢用量的情况，找出合适的过氧化氢用量。

4. 酸性品红用量的影响

固定其他反应条件不变，取酸性品红 0.5mL、0.6mL、0.7mL、0.8mL、0.9mL、1.0mL 和 1.1mL 分别进行试验，测定催化体系［含铬（Ⅵ）］和非催化反应体系的吸光度 A 和 A_0 值，并计算吸光度差值 ΔA（$\Delta A=A_0-A$）。以酸性品红的体积为横坐标，吸光度差值 ΔA 为纵坐标，绘制 $\Delta A-V$ 曲线。从曲线中观察酸性品红用量的情况，找出合适的酸性品红用量。

5. 反应温度和时间的选择

设定反应时间为7min，硫酸溶液3.5mL，过氧化氢溶液1.0mL，酸性品红溶液0.8mL，将溶液分别置于50℃、60℃、70℃、80℃、85℃、90℃和95℃水浴中进行实验，测定催化体系[含铬（Ⅵ）]和非催化反应体系的吸光度A和A_0值，并计算吸光度差值ΔA（$\Delta A=A_0-A$）。以反应温度为横坐标，吸光度差值ΔA为纵坐标，绘制$\Delta A-T$曲线，从中找出最佳的反应温度。在最佳反应温度下，将溶液分别加热5min、6min、7min、8min、9min、10min和11min，测定催化体系[含铬（Ⅵ）]和非催化反应体系的吸光度A和A_0值，并计算吸光度差值ΔA（$\Delta A=A_0-A$）。以反应时间为横坐标，吸光度差值ΔA为纵坐标，绘制$\Delta A-t$曲线，从中找出最佳的反应时间。

6. 工作曲线

在最佳反应条件下，分别移取0.5mL、1.5mL、3.5mL、4.5mL、5.5mL、6.5mL和7.5mL铬（Ⅵ）标准溶液于25mL具塞比色管中，按“1. 方法”测定催化体系和非催化体系的吸光度，计算ΔA值。以铬（Ⅵ）质量浓度为横坐标，吸光度差值ΔA为纵坐标，绘制$\Delta A-c_{cr}$标准曲线，求出线性方程和线性相关系数。

7. 样品测定

准确称取5.000g的棉布，剪碎至5mm×5mm以下，放置于具塞三角烧瓶中，向其中加入80mL酸性汗液，使样品充分浸湿，放入恒温水浴中超声振荡60min后，静置过滤得到试样溶液。取处理后的试液1mL，按照实验方法结合工作曲线测定样品中铬（Ⅵ）的含量。

五、思考题

（1）催化动力学光度法的基本原理是什么？
（2）如何选择最佳的实验条件？

实验56　利用蔬菜、水果消除自来水余氯

一、实验目的

（1）掌握自来水中余氯浓度的测定方法。
（2）了解样本对余氯吸附效果的描述参数——吸附率。
（3）掌握吸收曲线和工作曲线的制作方法。
（4）学习利用计算机进行数据处理，掌握Grubbs检验法、吸附率置信区间的计算方法。
（5）评价蔬菜、水果对消除自来水中余氯的效果和影响因素。
（6）培养综合分析问题和解决问题的能力。

二、仪器与试剂

仪器：723型分光光度计、25mL目视比色管。

试剂：四甲基联苯胺（TMB）、重铬酸钾（分析纯）、铬酸钾（分析纯）、氯化钾（分析纯）、盐酸（分析纯）、EDTA（分析纯）。

三、实验内容

收集自来水的水样和蔬菜水果样本，分批测定自来水水样和经过样本浸渍过的样液中余氯含量，积累测试数据。对相同样本材料的数据，舍去异常值，然后对样本数据进行统计，求出吸附率的平均值、标准偏差、给定置信水平时的估计区间，由此评价各样本材料对消除余氯的效果和可能影响测定的因素。在测定余氯含量之前，需要制作吸收曲线和工作曲线。

四、实验步骤

1. 吸收曲线和工作曲线的确定

首先制作吸收曲线，寻找余氯的最大吸收波长，取 1.25mL TMB 置于 25mL 比色管中，用自来水稀释至刻度，在 25℃水浴中，显色 1min；用 723 型分光光度计在不同波长处测定显色液的吸光度，测得余氯的最大吸收波长应在 450nm 附近。

按照国家标准要求，配制余氯标准溶液；在最大吸收波长处，测定系列标准溶液的吸光度。配制余氯标准溶液时，加入一定量的 EDTA，以掩蔽亚铁等离子。我们测到的系列标准溶液吸光度见表 4-2。手工绘制工作曲线存在读取误差大、效率低的不足，为此可利用计算机建立工作曲线。以吸收度为 A，质量浓度为 ρ，根据代数函数插值原理，可建立余氯浓度函数或工作曲线表。例如，可利用线性插值原理在 Excel 中建立工作曲线表，由吸光度 A 可快速查出余氯质量浓度 ρ，从而大大提高对后面实验数据的处理效率。设已知两测试点 i、j 的标准溶液的质量浓度和吸光度分别为 ρ_i、A_i 和 ρ_j、A_j，则介于 A_i 和 A_j 之间的吸光度 A_X 对应的质量浓度 ρ_X 为

$$\rho_X = \rho_i + \frac{\rho_j - \rho_i}{A_j - A_i} \times (A_X - A_i) \tag{1}$$

表 4-2 系列标准溶液吸光度

标准溶液浓度/（$mg \cdot L^{-1}$）	A	标准溶液浓度/（$mg \cdot L^{-1}$）	A
0.01	0.006	0.10	0.069
0.03	0.023	0.20	0.144
0.05	0.041	0.30	0.217

2. 样液制作和余氯的浓度检测

可因地制宜选用样本材料，如橙子、橘子、梨、柠檬、苹果、香蕉、柚子、甘蔗、萝卜、黄瓜、冬瓜、南瓜、丝瓜、土豆、茭白、蘑菇、山药、莴苣等水果或蔬菜。

选取 3g 待测样本材料，浸渍在 60mL 自来水样中，浸渍时间为 3min，由此获得一个测试样液。然后用 TMB 显色，在 450nm 波长处用 723 型分光光度计测定样液的吸光度（A），并作记录。由吸光度可查工作曲线表，快速得到余氯的质量浓度 ρ。

对同一水样，每次可制作多种样本材料的样液，也可用一样本材料制作多份样液，经多

批次测试后，进行统计分析。为保证测试的正确性，在实验前后，都要对自来水水样进行测试，保证测试期间自来水水样没有明显变化。显色剂的显色反应在 20～25℃的水浴中完成，以使显色反应完全。浸渍的时间要统一，不宜过长，否则会使浸渍颜色加深，影响测定，浸渍温度应控制在 20～25℃。

3. 吸附率计算

为测定消除余氯的效果，我们给出了吸附率的评价指标。设测试样本前测得的水样吸光度为 A_W，测得的样本吸光度为 A_X，根据式（1）可算出水样余氯质量浓度 ρ_W 和样本余氯质量浓度 ρ_X，根据下面公式计算样本的吸附率 D_X：

$$D_X=\frac{(\rho_W-\rho_X)V}{m\times 1000} \tag{2}$$

式中：V——溶液体积；

m——样本质量；

D_X——吸附率，表示每 1000g 样本能在规定时间内吸附的余氯质量（mg）。

4. 数据处理

用 Origin 软件绘图，对数据进行处理。

五、思考题

（1）样本在自来水中的浸泡时间和浸泡温度对实验测定有何影响？如何控制？

（2）样本消除自来水中余氯的机理是什么？

实验 57　黄连素的提取、表征和应用

一、实验目的

（1）学习从草药中提取生物碱的方法。

（2）了解荧光分光光度计、紫外可见分光光度计、红外分光光度计的工作原理，学习仪器的使用方法。

二、实验原理

黄连素是一种重要的异喹啉生物碱，分子式为$[C_{20}H_{18}NO_4]^+$，是我国应用很久的中药；存在于小檗科等 4 科 10 属的许多植物中，可从黄连、黄檗、三颗针等植物中提取。常用的药用盐酸黄连素又称盐酸小檗碱，黄连素在乙醚中可析出黄色针状晶体，微溶于水和乙醇，较易溶于热水和热乙醇，几乎不溶于乙醚。黄连素为一种季铵生物碱，其盐类在水中的溶解度都比较小，如盐酸盐为 1∶500，硫酸盐为 1∶30。黄连素从水或稀乙醇中析出的晶体带有 5.5 分子结晶水；若从氯仿、丙酮或苯中结晶，也带有相应的结晶溶剂分子。黄连素存在 3 种结构互变异构体，如图 4-9 所示，但自然界多以季铵碱的形式存在。黄连素的盐酸盐、氢碘酸

盐、硫酸盐、硝酸盐均难溶于冷水，易溶于热水，各种盐的纯化都比较容易。

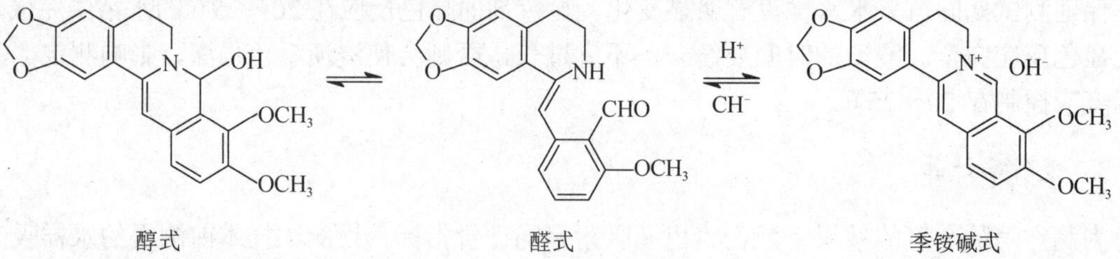

醇式　　醛式　　季铵碱式

图 4-9　黄连素异构体结构

三、仪器及试剂

黄连、硫酸、生石灰、乙醇等，均为分析纯。DF101B 集热式恒温磁力搅拌器。

四、实验步骤

（一）样品的初处理

取黄连样品，粉碎后，于 60℃干燥至恒重，备用。

1. 硫酸法提取黄连素

称取 10.000g 黄连，研磨成粉末，加入 100 mL 0.5%硫酸，加热煮沸约 5min 后静置、浸提 15 h，抽滤。提取液加食盐饱和，用稀盐酸调节 pH 至 1～2，放置 4.5h，析出盐酸黄连素粗品，抽滤。将粗品加热水煮沸至刚好溶解，用石灰水调节 pH 为 8.5～9.8，滤除杂质，加冰冷却，有黄连素结晶析出。再次抽滤，得黄色粉末状固体，烘干后称量。

2. 石灰水法提取黄连素

称取 10.000g 黄连，研磨成粉末，加入 1.00g 氧化钙粉末，再加 500mL 冷水浸泡，不断搅拌。18h 后过滤得棕红色滤液，向其中加入 30.00g 氯化钠并搅拌溶解，充分静置，黄连素在盐水溶液中沉淀析出。过夜沉淀后过滤，滤饼即为黄连素，干燥后称量。

3. 乙醇法提取黄连素

称取 10.000g 黄连，研磨成粉末，加入 100mL 无水乙醇，热水浴加热回流 0.5h，冷却静置后，抽滤。滤渣重复上述操作 2 次，合并所得滤液，在水泵减压下蒸出乙醇至残留液呈棕红色糖浆状。再加入 30mL 10%的乙酸，加热溶解，趁热抽滤，除去不溶物，然后在溶液中滴加浓盐酸至溶液浑浊为止。加冰冷却，即有黄色固体黄连素盐酸盐析出，抽滤，用冰水洗涤 2 次，用丙酮洗涤 1 次。然后将黄色固体加热水煮沸至刚好溶解，用石灰水调节 pH 为 8.5～9.8。冷却，滤除杂质，继续冷却至室温以下即有黄连素结晶析出。抽滤，得到黄色结晶，烘干称量。

4. 黄连素的检验

取适量提取的黄连素，分别用荧光分光光度计、紫外分光光度计、红外分光光度计检验。

（二）荧光光谱分析

1. 仪器与试剂

F-7000 型荧光分光光度计（日本日立）、电子天平。黄连、无水乙醇（分析纯）、盐酸（分析纯）、蒸馏水。

2. 方法步骤

1）开启荧光分光光度计

打开仪器主机电源，再启动计算机，单击“FL Solution”图标，启动荧光分光光度计。

2）制样

以无水乙醇为溶剂测定黄连素：配制 0.1mg·mL^{-1} 盐酸小檗碱溶液，将其稀释至 100 倍，注入石英比色皿，用镜头纸轻轻擦干比色皿的外壁，插入样品架。

3）设定参数

单击“Method”，单击“General”，选择“3-D Scan”，单击“Instrument”，选择“Flourescence”，激发波长扫描范围设为 200～550nm，发射波长扫描范围设为 250～600nm，狭缝设为 5nm，光电倍增管负电压设为 400V。

4）采集样品谱图

单击“Measure”，测定样品的光谱图。

5）黄连素的三维荧光光谱

图 4-10 为黄连素无水乙醇溶液的三维荧光光谱及吸收光谱。三维荧光光谱中，纵坐标为激发波长 λ_{ex}，横坐标为发射波长 λ_{em}，等高线表示荧光强度。图 4-10 中有 3 个荧光峰：从下到上依次为 I（$\lambda_{ex}/\lambda_{em}$: 265nm/530nm）、II（$\lambda_{ex}/\lambda_{em}$: 350nm/530nm）、III（$\lambda_{ex}/\lambda_{em}$: 435nm/530nm），这 3 个峰的激发波长不同，但发射波长相同。

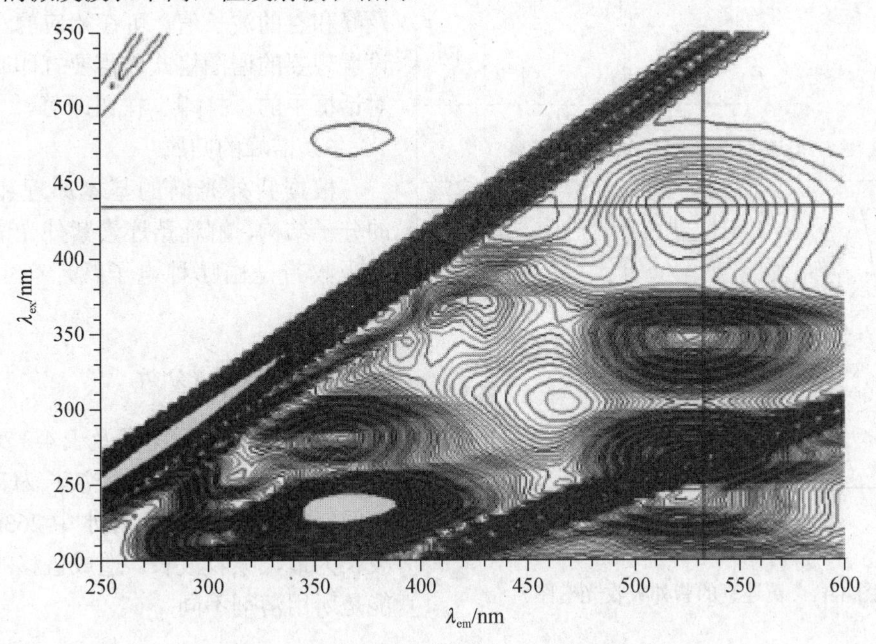

图 4-10　黄连素无水乙醇溶液的三维荧光光谱

（三）紫外光谱分析

1. 仪器与试剂

UV-2450 型紫外分光光度计（日本岛津）、电子天平［赛多利斯科学仪器（北京）有限公司］。黄连素标准储备液：$0.1mg·L^{-1}$。

分别取黄连素标准储备液 1mL、3mL、5mL 于 100mL 容量瓶中定容，浓度分别为 $1×10^{-6}g·mL^{-1}$、$3×10^{-6}g·mL^{-1}$、$5×10^{-6}g·mL^{-1}$。

2. 方法步骤

1）开启紫外光谱仪

打开仪器主机电源，再启动计算机，单击紫外分光光度计图标，启动紫外-可见分光光度计。单击界面工具栏中的“连接”按钮，仪器进行自检，自检通过后单击“确定”按钮。

2）设定参数

设定波长扫描范围为开始波长 550nm，结束波长 190nm。扫描速度：快速。测光方式：Abs（即吸光度）等。

3）制样及采集样品谱图

以乙醇为溶剂测定黄连素：分别将无水乙醇（分析纯）注入两个石英比色皿，用镜头纸轻轻擦干比色皿的外壁，然后将其插入样品池架，作满刻度校正。然后，将其中一个比色皿装上待测溶液，单击“开始”，测定样品的光谱图。

4）谱图处理和打印

在所采集的紫外光谱图上标注最大吸收波长并设置打印格式。做法为选择“数据处理”→“峰值检出”（或单击相应的工具按钮），弹出“峰值检出”对话框，同时显示当前通道的谱图及峰和谷的波长值。可在相应的对话框中设置想要的谱图格式。需要打印时，单击对话框中的“打印”按钮即可。

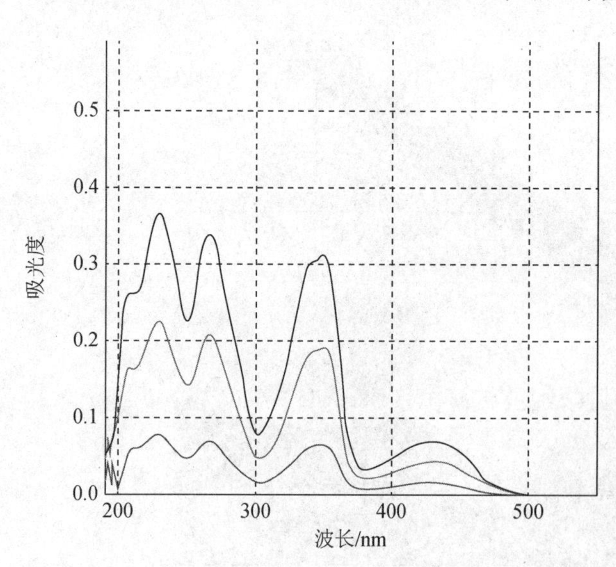

图 4-11　黄连素的紫外吸收光谱图

5）谱峰的归属

根据紫外光谱的基本原理和黄连素的分子结构，解释黄连素紫外光谱图中各个吸收带是由哪种电子跃迁产生的什么吸收带。

3. 紫外光谱分析

由图 4-11 所示图谱及表 4-3 实验数据可知，黄连素的最大吸收波长为 229nm。查阅资料可知：黄连素在水中 263nm 处的波长为最大吸收波长。造成蓝移的原因可能是所用溶剂不同。

表 4-3　黄连素的吸收波长及吸收值

黄连素浓度/（g·mL^{-1}）	波长/nm	吸光度	峰宽/nm
3×10^{-6}	266.0	0.2076	88.0
	351.0	0.1912	43.0
5×10^{-6}	229.0	0.3662	37.0
	266.0	0.3381	37.0
	350.0	0.3133	43.0

（四）红外光谱分析

1. 仪器与试剂

红外分光光度计、烘灯、石英研钵。黄连素和碘化钾，均为分析纯。

2. 方法步骤

1）压片

取 1/4 挖耳勺大小黄连素，将碘化钾、安息香以 50∶1 的比例，充分烘干，研碎。置于压片机上压片，先将研磨容器放于压片机上，置于中间位置，旋下上部分，压紧研磨容器，拧紧下部分，压下压杆，至压力为 10～15MPa。先松开下部分，待压力表示数回到 0，旋转上部分取下容器。用镊子取下所压的片，进行测量。

2）测量

（1）打开计算机，连接红外分光光度计，打开软件。

（2）放好样品，单击“测量”。

（3）进行谱图处理和打印。

（五）应用——十二烷基硫酸钠增敏荧光光谱法测定盐酸小檗碱

1. 仪器与试剂

F-7000 型荧光分光光度计。

盐酸小檗碱标准储备液（1.000g·L^{-1}）：称取盐酸小檗碱 0.001g 溶于水中，移至 100mL 容量瓶中定容，并置于冰箱中冷藏保存。

SDS 溶液：0.05mol·L^{-1}。

三羟甲基氨基甲烷（Tris）、Tween-80、十六烷基三甲基溴化铵（CTMAB）、盐酸等，均为分析纯，实验用水为超纯水（电阻率 18.2MΩ·cm）。

2. 方法

向 10mL 棕色容量瓶中依次加入 0.5mol·L^{-1}SDS 溶液 2.0mL、pH 为 7.0 的 Tris-HCl 缓冲溶液 4.0mL、不同浓度的盐酸小檗碱标准溶液 2.0mL，用水定容，摇匀。在室温下放置 15min 后，在荧光分光光度计上，于激发波长（λ_{ex}）为 355 nm，发射波长（λ_{em}）为 530nm 处测量溶液的荧光强度（F）。同时测定空白溶液的荧光强度（F_0），得到相对荧光强度 ΔF（$=F-F_0$）。

3. 结果与讨论

本实验研究了盐酸小檗碱在水和 SDS 介质中的荧光特性，其荧光发射光谱如图 4-12 所示。

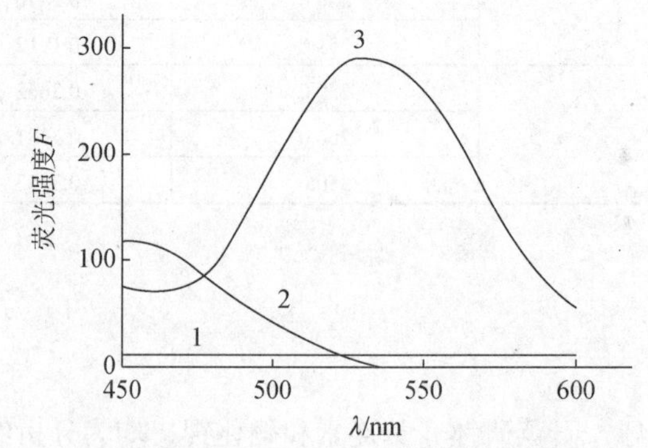

1—盐酸小檗碱溶液；2—SDS 溶液；3—盐酸小檗碱-SDS 溶液

图 4-12 盐酸小檗碱荧光发射光谱图

盐酸小檗碱在水中自身发射非常弱的荧光，SDS 在盐酸小檗碱的特征波长 530nm 处几乎没有荧光信号。当加入适量 SDS 后，体系在 530nm 处产生一个非常强烈的荧光发射信号。这可能是由于 SDS 改变了盐酸小檗碱所处的微环境，在 SDS 胶束溶液中，发光体盐酸小檗碱进入 SDS 胶束的内核或栅栏部位，被束缚在胶束-水界面，抑制了分子的运动，有效地保护了激发单线态，同时也减少了溶液中淬灭剂分子与激发态分子之间的碰撞，使荧光强度增强。

4. 实验条件的选择

1）酸度和反应介质

实验考察了 NaH_2PO_4-Na_2HPO_4、HAc-NaAc、Tris-HCl 和 NH_4Cl-NH_3H_2O 等几种缓冲溶液对盐酸小檗碱-SDS 体系荧光强度的影响。结果发现：在 Tris-HCl 缓冲溶液中，荧光强度最大。实验考察了盐酸小檗碱-SDS 体系的 pH 在 5.0～9.0 范围内的荧光强度。结果表明：随 pH 的增大，盐酸小檗碱-SDS 体系的荧光强度呈先增加后减小的趋势；当 pH 为 7.0 时，体系的荧光强度最大。因此，实验选择 pH 为 7.0 的 Tris-HCl 缓冲溶液作为反应体系的介质。

2）表面活性剂

实验研究了不同类型的表面活性剂对盐酸小檗碱荧光强度的影响。结果表明：阳离子表面活性剂 CTMAB 和非离子表面活性剂 Tween-80 对盐酸小檗碱的荧光强度没有增敏作用。当将盐酸小檗碱加入阴离子表面活性剂 SDS 溶液中时，发现盐酸小檗碱的荧光强度显著增强。这可能是由于 SDS 形成的胶束对带有正电荷的盐酸小檗碱具有吸附作用，使盐酸小檗碱分子得到有效保护，所以阴离子表面活性剂的存在对盐酸小檗碱的荧光强度起到增敏的作用。此外，SDS 的存在改善了盐酸小檗碱的局部微环境，从而增强了该体系的荧光强度。当体系中 SDS 溶液的浓度为 $0.01mol \cdot L^{-1}$ 时，体系的荧光强度最大且基本稳定，因此，实验选择 SDS 溶液的浓度为 $0.01mol \cdot L^{-1}$。

五、思考题

（1）黄连素为何种生物碱？

（2）为什么用石灰乳调节 pH，是否可以用氢氧化钠？为什么？

实验 58　阿司匹林的制备和鉴别

阿司匹林又名乙酰水杨酸，分子式为 $C_9H_8O_4$。其为白色针状或板状结晶或粉末，密度为 1.40g·cm^{-3}，熔点为 138～140℃，沸点为 140℃（分解），微带酸味；在干燥空气中稳定，在潮湿空气中缓缓水解成水杨酸和乙酸，能溶于乙醇、乙醚和氯仿，微溶于水，在氢氧化钠等碱溶液或碳酸盐溶液中能溶解。它是目前世界上最常用的解热、镇痛、消炎和抗风湿的药物，小剂量阿司匹林也是预防心脑血管疾病的常用药物。近年来，阿司匹林在临床上有许多新用途、新突破，其生产规模不断扩大。但杂质水杨酸引起的不良反应严重制约了阿司匹林的临床应用。我国目前检查游离水杨酸含量时，现行《中国药典》采用比色法。该法只能半定量，且操作烦琐，易产生显色误差。高效液相色谱法也存在溶剂引起水解、操作费时、费力等不足。近红外光谱技术是当今社会发展极为迅速的一项先进的物理分析技术之一，不需要化学试剂和样品处理，具有快速、无损的优点。采用该技术对阿司匹林原料药及其制剂中水杨酸的含量进行测定，可避免药物的水解，实现快速、无损测定和在线监控水杨酸含量。

一、实验目的

（1）了解阿司匹林制备的原理和实验方法。

（2）巩固称量、溶解、加热、结晶、洗涤、重结晶等基本操作。

（3）了解红外分光光度计、紫外-可见分光光度计、荧光分光光度计的工作原理，学习仪器的使用方法。

二、实验原理

水杨酸分子中含羟基（—OH）、羧基（—COOH），具有双官能团。本实验以硫酸为催化剂，以乙酐为乙酰化试剂，与水杨酸的酚羟基发生酰化作用形成酯。反应如下：

$$\text{(COOH, OH 取代苯)} + (CH_3CO)_2O \xrightarrow[85\sim90℃]{\text{浓}H_2SO_4} \text{(COOH, OCOCH}_3\text{ 取代苯)}$$

引入酰基的试剂称为乙酰化试剂，常用的乙酰化试剂有乙酰氯、乙酐、冰醋酸。本实验选用经济、合理而反应较快的乙酐作酰化剂。

本实验用 $FeCl_3$ 检查产品的纯度，此外还可采用测定熔点的方法检测纯度。杂质中有未反应完的酚羟基，遇 $FeCl_3$ 呈紫蓝色。如果在产品中加入一定量的 $FeCl_3$，无颜色变化，则认为产品纯度基本达到要求。

利用阿司匹林的钠盐溶于水来分离少量不溶性聚合物。

三、仪器和试剂

1. 仪器

150mL 锥形瓶，5mL 吸量管（干燥，附洗耳球），100mL、250mL、500mL 烧杯各一只，加热器，橡胶塞，温度计，玻璃棒，布氏漏斗，表面皿，药匙，50mL 量筒，烘箱。

2. 试剂

水杨酸 2.00g（0.015mol）、乙酸酐 5mL（0.053mol）、饱和 $NaHCO_3$ 溶液、4mol·L^{-1} 盐酸、浓硫酸、冰块、95%乙醇、蒸馏水、1% $FeCl_3$。

四、实验步骤

（一）阿司匹林制备

（1）称取 1.98g 水杨酸于锥形瓶（150mL），在通风条件下用吸量管取乙酸酐 5mL 加入锥形瓶，滴入 5 滴浓硫酸，摇动使固体全部溶解，塞上带玻璃管的胶塞，在事先预热的水浴中加热 10～15min。

水浴装置：500mL 烧杯中加 100mL 水、沸石，温度为 85～90℃。

（2）取出锥形瓶，将液体转移至 250mL 烧杯并冷却至室温（可能会没有晶体析出）。加入 50mL 水，同时剧烈搅拌；冰水中冷却 10min，晶体完全析出。

（3）抽滤。冷水洗涤几次，尽量抽干，将固体转移至表面皿，风干，得粗产品。

（4）将粗产品置于 100mL 烧杯中，缓慢加入饱和 $NaHCO_3$ 溶液，产生大量气体，固体大部分溶解。共加入约 5mL 饱和 $NaHCO_3$ 溶液，搅拌至无气体产生。

（5）用干净的抽滤瓶抽滤，用 5～10mL 水洗涤（可先转移溶液，后洗）。将滤液和洗涤液合并，并转移至 100mL 烧杯中，缓缓加入 15mL 4mol·L^{-1} 盐酸（加入盐酸要滴加，加入过快会导致析出过大的晶粒影响干燥）。边加边搅拌，有大量气泡产生。

（6）用冰水冷却 10min 后抽滤，再用 2～3mL 冷水洗涤几次，抽干。干燥，称量（理论值为 2.58g）。

注意事项

（1）仪器要全部干燥，药品也要经干燥处理。

（2）乙酸酐要使用新蒸馏的，收集 139～140℃的馏分。长时间放置的乙酸酐遇空气中的水，容易分解成乙酸。

（3）要按顺序加样。否则，如果先加水杨酸和浓硫酸，水杨酸就会被氧化。

（4）水杨酸和乙酸酐最好的比例为 1∶2 或 1∶3。

（5）本实验中要注意控制好温度（85～90℃），否则温度过高将增加副产物的生成，如双水杨酯、乙酰双水杨酯、乙酰水杨酸酐等。

（6）将反应液转移到水中时，要充分搅拌，将大的固体颗粒搅碎，以防重结晶时不易溶解。

（二）红外光谱鉴别

1. 仪器与试剂

红外分光光度计、烘灯、石英研钵。乙酰水杨酸和碘化钾，均为分析纯。

2. 红外光谱分析

（1）取1/4挖耳勺大小阿司匹林，将溴化钾、阿司匹林以50∶1的比例，充分烘干，研碎。

（2）置于压片机上压片，先将研磨容器放于压片机上，置于中间位置，旋下上部分，压紧研磨容器，再拧紧下部分，压下压杆，至压力10～15MPa。

（3）先松开下部分，待压力表回到0，再旋转上部分取下容器。

（4）用镊子取下所压的片，进行测量。

（三）紫外光谱鉴别

1. 仪器与试剂

UV-8000S紫外-可见分光光度计（上海元析仪器有限公司）、分析天平。乙酰水杨酸、无水乙醇，均为分析纯。

2. 紫外光谱分析

（1）取0.1g阿司匹林溶于乙醇中，于100mL容量瓶定容，分别取1mL、3mL、5mL第一次配制的溶液于100mL容量瓶，再次定容，获得所需溶液。

（2）开启紫外-可见分光光度计。打开仪器主机电源，再启动计算机→单击计算机中的紫外分光光度计图标，启动紫外-可见分光光度计→单击“连接”按钮，仪器进行自检，自检通过后单击“确定”按钮。

（3）设定参数。设定波长扫描范围为开始波长350nm，结束波长190nm。扫描速度：快速。测光方式：Abs（即吸光度）。y轴吸光度为0～3。

3. 制样及采集样品谱图

以乙醇为溶剂测定阿司匹林：将乙醇分别注入两个石英比色皿，用镜头纸轻轻擦干比色皿的外壁，然后将其插入样品池架，作基线校正。然后，将其中一比色皿装上配制好的溶液，将其插入样品架。单击“开始”，测定样品的光谱图。

4. 谱图处理和打印

在所采集的紫外光谱图上标注最大吸收波长并设置打印格式。做法为选择“数据处理”→“峰值检出”（或单击相应的工具按钮），弹出“峰值检出”对话框，同时显示当前通道的谱图及峰和谷的波长值。可在相应的对话框中设置想要的谱图格式。需要打印时，单击对话框中的“打印”按钮即可。

5. 谱峰的归属

根据紫外光谱的基本原理和阿司匹林的分子结构，解释阿司匹林紫外光谱图中各个吸收带是由哪种电子跃迁产生的什么吸收带。

6. 紫外光谱分析

由表 4-4 可知，阿司匹林的最大吸收波长为 276nm，查阅资料可知，阿司匹林的最大吸收波长为 275.18nm，故测量结果较准确。且经查阅资料知，阿司匹林浓度的线性范围为 0.0124～0.0435mg·mL^{-1}。

表 4-4　阿司匹林的吸收波长及吸收值

阿司匹林浓度/（g·mL^{-1}）	波长/nm	吸光度	峰宽/min
2.022×10^{-5}	204.00	1.5715	15.0
	226.00	1.1856	22.0
	276.00	0.1572	61.0
3.033×10^{-5}	205.00	1.9086	15.0
	225.00	1.6142	22.0
	276.00	0.2168	62.0
4.044×10^{-5}	205.00	2.0625	14.0
	225.00	1.8766	22.0
	276.00	0.2518	31.0

（四）荧光光谱鉴别

1. 仪器与试剂

F-7000 型荧光分光光度计（日本日立）、电子天平。无水乙醇（分析纯）、阿司匹林（分析纯）、蒸馏水。

2. 荧光光谱分析

1）开启荧光分光光度计

打开仪器主机电源，再启动计算机。单击“FL Solution”图标，启动荧光分光光度计。

2）制样

以无水乙醇为溶剂测定阿司匹林：将配制好的 1×10^{-5}mg·mL^{-1} 阿司匹林乙醇溶液稀释至 1×10^{-6}mg·mL^{-1}，注入石英比色皿，用镜头纸轻轻擦干比色皿的外壁，插入样品架。

3）设定参数

单击“Method”，选择“General”→“3-D Scan”，选择“Instrument”→“Flourescence”，激发波长扫描范围设为 200～500nm，发射波长扫描范围设为 250～500nm，狭缝设为 10nm，光电倍增管负电压设为 400V。

4）采集样品谱图

单击“Measure”，测定样品的光谱图。

五、思考题

（1）反应容器为什么要干燥无水？

（2）为什么用乙酸酐而不用乙酸？加入浓硫酸的目的是什么？

（3）本实验中可产生什么副产物？副产物中的高聚物如何除去？

（4）水杨酸可以在各步纯化过程和产物的重结晶过程中被除去，如何检验水杨酸已被除尽？

实验 59　安息香的合成及表征

安息香为安息香科植物白花树的干燥树脂，是中医常用的开窍药。其性味辛、苦、温，入心、脾、肺、胃经，具有开窍辟秽、行气活血、镇咳祛痰之功。

安息香缩合反应是指芳香醛在氰化钠（钾）催化下，分子间发生缩合生成二苯羟乙酮，这是一个碳负离子对羰基的亲核加成反应。其他取代芳醛如甲基苯甲醛、对甲氧基苯甲醛和呋喃甲醛等也可发生类似的缩合，生成相应的对称性二芳基羟乙酮。糠偶酰也称双-2-呋喃基乙二酮，广泛用于有机合成及固态电致变色显示材料。1943 年，Ukai 等发现噻唑盐具有和氰负离子相同的催化性能，同样可以用作安息香缩合反应的催化剂，因此以容易获得的维生素 B_1 作为催化剂在碱性条件下进行安息香缩合反应。

维生素 B_1 的结构如图 4-13 所示。

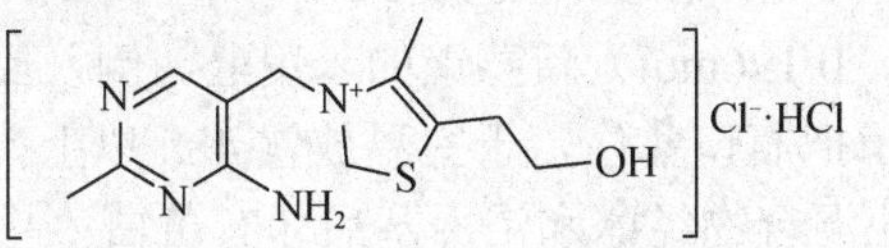

图 4-13　维生素 B_1 的结构

反应时，维生素 B_1 分子中噻唑环上的氮原子和硫原子邻位的氢，在碱的作用下可生成负碳离子（Ⅳ）。维生素 B_1 又称硫胺素或噻胺，它是一种辅酶。在碱的作用下，产生的碳负离子和邻位带正电荷的氮原子形成稳定的两性离子，即内𬭩盐或称叶立得。噻唑环上碳负离子与苯甲醛的羰基发生亲核加成反应，形成烯醇加合物，环上带正电荷的 N^+ 起调节电荷的作用。烯醇加合物再与苯甲醛作用形成一个新的辅酶加合物。辅酶加合物离解成安息香，辅酶复原。

一、实验目的

（1）学习安息香缩合的原理和应用维生素 B_1 为催化剂合成安息香的方法。

（2）巩固配制溶液、加热回流、冰浴冷却、抽滤、重结晶、测熔点等操作。

（3）了解荧光分光光度计、紫外-可见分光光度计、红外分光光度计的工作原理，学习仪器的使用方法。

二、实验原理

芳香醛在氰离子催化下会发生双分子缩合反应，生成 *α*-羟基酮。由苯甲醛缩合生成的二苯羟乙酮又称安息香，因此这类反应又称安息香缩合反应。由于氰化物是剧毒品，采用维生素 B_1 代替氰化物作为催化剂仍可取得较好的收率。上述反应可以用图 4-14 表示。

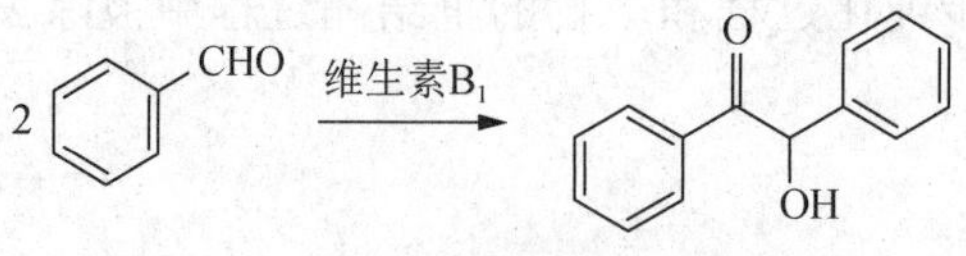

图 4-14　合成安息香的反应式

三、仪器和试剂

试剂：苯甲醛、维生素 B_1、氢氧化钠、95%乙醇。

仪器：100mL 圆底烧瓶、磁力搅拌器、烧杯、布氏漏斗、pH 试纸、表面皿、玻璃棒。

四、实验步骤

（一）安息香的合成

（1）在装有回流冷凝管、搅拌子的 100mL 圆底烧瓶中，先加入 7mL 水再加入 3.5g（0.010mol）维生素 B_1，在磁力搅拌器的作用下使其溶解，再加入 30mL 95%乙醇，在冰水浴冷却下，边搅拌边逐滴加入 8mL 左右 $3mol \cdot L^{-1}$ 氢氧化钠，约需 5min。当碱液加入一半时溶液呈淡黄色，随着碱液的加入，溶液的颜色也变深。

（2）量取 20mL（20.8g，0.196mol）新蒸馏的苯甲醛，倒入反应混合物中，于 60～76℃水浴上加热 90min（或用塞子把瓶口塞住，于室温放置 48h 以上），此时用 pH 试纸检测溶液的酸度，pH 应为 8～9。反应混合物经冰水浴冷却后即有黄白色晶体析出。用布氏漏斗抽滤，加冷水洗涤几次。

（3）将粗产品转移到原反应容器（100mL 圆底烧瓶），用少量 95%乙醇加热重结晶，约 5min 后，再次抽滤并用 95%乙醇洗涤数次，纯化后产物为白色晶体，熔点 134～136℃。

注意：由于维生素 B_1 不稳定，受热易分解，反应前加入维生素 B_1 溶液及氢氧化钠溶液必须在冷水浴下进行，否则易使维生素 B_1（不耐热）开环失效。

滴加氢氧化钠溶液时注意缓慢滴加并用精密 pH 试纸控制，调节反应溶液 pH 为 8～10，碱性过大易使噻唑环开环，维生素 B_1 失效，不到一定的碱性又无法使质子离去产生负碳作为反应中心，形成安息香。最好调至 pH 为 10。加热时水浴温度应小于 75℃，过热易使噻唑环开环，维生素 B_1 失效。实验产率过低的原因可能是实验条件控制得不严格，反应不充分，有部分产品在多次转移过程中损失，洗涤次数过多而流失了部分产品。

（二）安息香的光谱表征

1. 荧光检验仪器与试剂

F-7000 型荧光分光光度计（日本日立）、电子天平。黄连、甲醇（分析纯）、安息香（分析纯）、蒸馏水。

2. 荧光光谱分析

1）开启荧光分光光度计

打开仪器主机电源，再启动计算机。单击“FL Solution”图标，启动荧光分光光度计。

2）制样

以甲醇为溶剂测定安息香：将配制好的 2.4×10^{-5}mg·mL^{-1} 安息香甲醇溶液稀释至 2.88×10^{-6}mg·mL^{-1} 注入石英比色皿，用镜头纸轻轻擦干比色皿的外壁，插入样品架。

3）设定参数

单击“Method”，选择“General”→“Wavelength Scan”，选择“Instrument”→“Flourescence”，激发波长扫描范围设定为 254nm，发射波长扫描范围设为 280～400nm，狭缝设为 5nm，光电倍增管负电压设为 400V。

4）采集样品谱图

单击“Measure”，测定样品的光谱图。

5）谱图处理和打印

打印图谱。

6）安息香的发射光谱

图 4-15 为安息香甲醇溶液的发射光谱。光谱中，纵坐标为荧光强度，横坐标为发射波长 λ_{em}，特征峰在 316nm，荧光相对强度为 654。

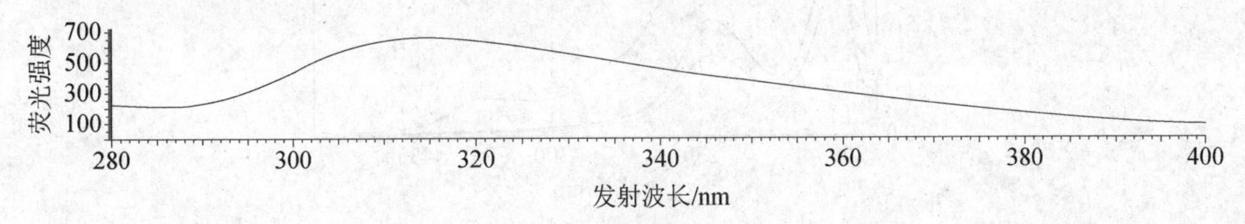

图 4-15　安息香甲醇溶液的发射光谱

（三）紫外检验安息香

1. 仪器

UV-8500 紫外分光光度计（中国上海天美公司），分析用电子天平（量程 0～210g，感量为 0.1mg；北京赛多利仪器系统有限公司）。

2. 试剂

安息香（分析纯）。

3. 方法

1）样品制备

取安息香粉末 0.0024g，加入 100mL 甲醇溶液溶解。再从中取出 3mL、5mL、7mL 于 25mL 容量瓶中稀释，浓度分别为 2.88×10^{-6}g·L^{-1}、4.8×10^{-6}g·L^{-1}、6.72×10^{-6}g·L^{-1}。

2）测定方法

用 UV-2450 型紫外分光光度计，设定扫描波长 190～400nm，吸光度量程为 0～1，快速扫描，狭缝 2.0nm，1cm 石英比色皿，空白基线储存。

（1）用两个石英比色皿都注入纯甲醇，置于紫外分光光度计中做空白对照。

（2）对照完后将其中一个石英比色皿换成待测溶液，按浓度顺序依次增大，进行检测。

3. 结果

1）安息香各提取部位样品溶液及甲醇提取液紫外光谱如图 4-16 所示。安息香浓度与吸收波卡的关系见表 4-5。

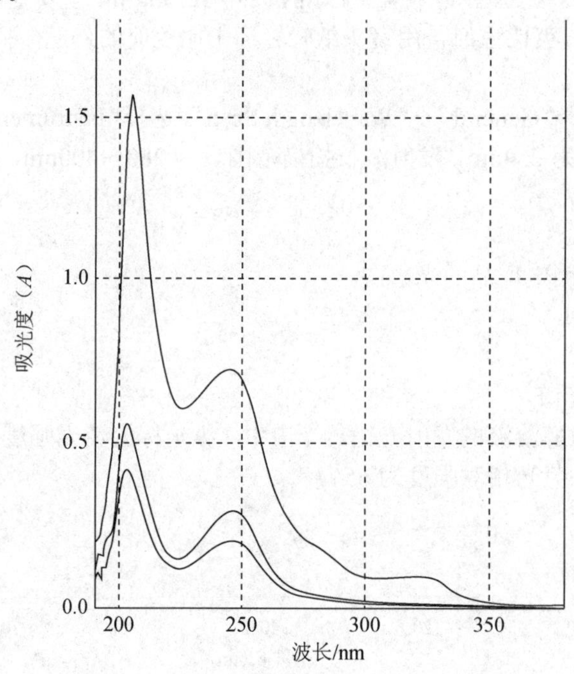

图 4-16　紫外光谱

表 4-5　安息香浓度与吸收波长的关系

浓度/（g·mL^{-1}）	波长/nm	吸光度	峰宽/min
2.88×10^{-6}	203	0.4222	16
	246	0.2004	57
4.8×10^{-6}	203	0.56446	14
	246	0.2935	35
6.72×10^{-6}	205	1.5727	17
	245	0.7276	36

由图 4-16 及表 4-4 中实验数据可知，安息香的最大吸收波长在 203～205nm。查阅资料可知，安息香在甲醇溶液中最大吸收波长为 205nm。

2）分析结果

分析结果也进一步印证了极性溶剂会使不饱和共轭键发生红移。

（四）红外检验安息香

1. 仪器与试剂

仪器：红外分光光度计、烘灯、石英研钵。

试剂：安息香和碘化钾，均为分析纯。

2. 红外光谱分析

（1）压片。取 1/4 挖耳勺大小安息香，将碘化钾、安息香以 50∶1 的比例，充分烘干，研碎。置于压片机上压片，先将研磨容器放于压片机上，置于中间位置，旋下上部分，压紧研磨容器，拧紧下部分，压下压杆，至压力示数为 10～15MPa。再松开下部分，待压力表回到 0，旋转上部分，取下容器。用镊子取下所压的片，进行红外测量。

（2）测量。打开计算机，连接红外分光光度计，打开软件，放好样品，单击“测量”。

（3）谱图处理和打印。

（五）安息香缩合应用

1. 合成杂环

许多生物活性分子都具有 a,b-二苯基杂环结构特征。用苯偶姻（安息香）、烯丙基溴、金属铟（1∶1.5∶1）在四氢呋喃水溶剂中 30℃搅拌反应 6～8 h，得到烯丙基羰基加成产物——醇；再经碘作用合成 2,3-二苯基呋喃。实验表明，4,4′-二氯苯偶姻比苯偶姻的烯丙基化速率快，甲氧基（供电子基团）取代苯偶姻比苯偶姻的烯丙基化速率慢，而二甲氨基（强供电子基团）取代苯偶姻在更长的反应时间及升高反应温度的条件下不发生烯丙基化作用，这与醛酮亲核加成反应的情况是一致的。根据经典的 Cram 螯合模型，铟能够作用于羟基、羰基化合物，使其克服溶剂化作用，有利于亲核进攻发生加成反应。N—O 同环杂环是一类非常重要的化合物，广泛存在于自然界及合成产物中。酮肟对于合成各种杂环非常有用，安息香肟与氰化钠在异丙醇溶剂中生成 1,5-二负离子，再与不同的二亲电子体作用，合成了含 2 个（不相同）以上杂原子的环状化合物。

2. 制备衍生物

由安息香氧化制得的苯偶酰是重要的医药中间体及有机合成试剂。双水杨醛缩乙二胺合铜催化安息香的空气氧化反应生成苯偶酰。0.05mol 安息香在 60mL DMF 中通入空气氧化，当反应温度为 40℃、反应时间为 3h、氢氧化钾用量为 3.0g、催化剂用量为 1.5g 时，苯偶酰的产率可达 87.9%。

五、思考题

（1）安息香缩合与羟醛缩合、歧化反应有何不同？

（2）为什么要使用新蒸馏的苯甲醛？

（3）加入苯甲醛后，pH 为什么要保持在 8～9？过高或过低有什么不好？

（4）为什么反应前加入维生素 B_1 溶液及氢氧化钠溶液必须在冷水浴下进行？

实验 60　鲁米诺的合成、表征及应用

化学发光是指在一些特殊的化学反应中发出可见光的现象。其发光机理是反应体系中的

某些物质吸收了反应释放的能量而由基态跃迁至激发态，从激发态返回基态时将能量以光辐射的形式释放出来，产生发光现象。

化学发光分析法是依据某一时刻化学发光强度或化学发光总量来确定反应中相应组分含量的一种微量及痕量分析法，具有高灵敏度、线性范围宽、设备简单、操作简便、易于实现自动化和分析快速等特点。近年来，化学发光分析法与流动注射、微流控系统、电化学、高效液相色谱和毛细管电泳等方法的联用，已广泛应用于药物分析、临床分析、环境分析和材料分析等领域。

鲁米诺（3-氨基苯二甲酰肼）因具有较高的发光量子产率和较好的水溶性，可与多种氧化剂发生化学发光反应，已成为应用最广泛的化学发光试剂。鲁米诺化学发光分析法也成为研究最深入、应用最广泛的一类化学发光反应体系。

一、实验目的

（1）学习芳烃硝化反应的基本理论和硝化方法，加深对芳烃亲电取代反应的理解，进一步掌握重结晶操作技术。

（2）了解鲁米诺化学发光原理。

（3）学会使用荧光分光光度计、紫外-可见分光光度计、红外分光光度计。

二、实验原理

3-硝基-邻苯二甲酸（3-nitrophthalic acid）是制备化学发光剂——鲁米诺的原料，经脱水后得到的3-硝基-邻苯二甲酸酐可用于有机合成和醇类测定。邻苯二甲酸酐经直接硝化，即可获得3-硝基-邻苯二甲酸，同时也会得到4-硝基-邻苯二甲酸。在3-硝基-邻苯二甲酸分子中，硝基对邻位羧基影响很大，它和羧酸会形成分子内氢键，加上相邻二羧基之间存在的分子内氢键，对整个羧酸分子的离解产生显著的抑制作用，从而导致其水溶性下降。在4-硝基-邻苯二甲酸中，硝基与羧酸之间难形成分子内氢键，因而，它在水中的离解度相对要大一些，水溶性也好一些。邻苯二甲酸酐硝化后产生的异构体的分离正是利用它们在水溶性上的差异加以解决的。

许多化学反应是以热的形式释放能量的，也有一些化学反应主要是以光的形式释放能量的。鲁米诺在碱性条件下与氧分子的作用就是一个典型的化学发光例子。一般认为，鲁米诺在碱性溶液中转变为二价负离子，后者与氧分子反应生成一种过氧化物。

现已证实，发光体是3-氨基-邻苯二甲酸盐二价负离子的激发单线态。当激发单线态返回至基态时，就会产生荧光。激发态中间体也可将能量传递至激发态能量较低的受体分子，受激发的受体分子再通过发出荧光释放能量恢复到基态。不同受体分子激发态能量的差异使其发出的荧光各不相同，这些现象在本实验中可观察到。

三、仪器和试剂

250mL 三口烧瓶、球形冷凝管、温度计、温度计套、恒压滴液漏斗、铁架台、电加热套、布氏漏斗、抽滤瓶、循环水真空泵、10mL 量筒、50mL 量筒、玻璃棒、250mL 烧杯。

邻苯二甲酸酐、丙三醇、10%水合肼、浓硫酸、浓硝酸、冰醋酸、10%氢氧化钠溶液、次氯酸钠溶液、三氯化铁。

四、实验步骤

1. 3-硝基-邻苯二甲酸的合成

在 250mL 三口烧瓶上，安装温度计、冷凝管和滴液漏斗，分别加入 12mL 浓硫酸和 8g 邻苯二甲酸酐。将 25mL 浓硝酸自滴液漏斗慢慢滴入烧瓶中，滴加速度以维持反应混合物温度在 100～110℃为宜。

加完浓硝酸后，继续加热并搅拌 1h，温度控制在 100℃。然后让反应液冷却。在通风橱中将反应液慢慢倒入盛有 40mL 冷水的烧杯中。

当有固体析出时，倾去酸液，再向烧杯中加入 10mL 水，用玻璃棒充分搅拌，使副产物 4-硝基-邻苯二甲酸溶于水。过滤，收集固体即得到 3-硝基-邻苯二甲酸粗产物。

3-硝基-邻苯二甲酸粗产物可用水重结晶，在重结晶时，每克粗产物约需 2.3mL 水。产物熔点为 215～218℃。

2. 鲁米诺的合成

将 1.3g 3-硝基-邻苯二甲酸和 2mL 10%水合肼加入 250mL 三口烧瓶，加热溶解。然后加入 4mL 丙三醇，将 250mL 三口烧瓶固定在铁架台上，加入沸石，插入温度计，用一导管将烧瓶通过安全瓶与水泵相连。打开水泵，加热烧瓶，瓶内反应物剧烈沸腾，蒸出的水蒸气由导管抽走。大约 5min 后，温度快速升至 200℃以上。继续加热，使反应温度维持在 210～220℃，约 2min，打开安全瓶上活塞，使反应体系与大气相通，停止加热和抽气。让反应物冷却至 100℃，加入 20mL 热水（加热后再冷却，所获粗产物容易过滤），进一步冷却至室温，过滤，收集浅黄色晶体，即得到 5-硝基-邻苯二甲酰肼中间体，中间体不需要干燥即可用于下一步的反应。

将 3-硝基-邻苯二甲酰肼中间体转入烧杯中，加入 10%氢氧化钠溶液，用玻璃棒搅拌使固体溶解。加入水合肼，然后加热至沸腾并不断搅拌，保持沸腾 5min。稍冷却，加入 2.6mL 冰醋酸，继而在冷水浴中冷却至室温，有大量浅黄色结晶析出。抽滤，水洗 3 次，再抽干，收集终产物鲁米诺。取少许样品经干燥测定熔点（熔点为 319～320℃）。

3. 注意事项

（1）反应温度控制。一定注意温度不能超过 130℃，第一次加水溶解的时候一定要用冷水，防止主要产物溶解；肼化的时候温度一定不能过高，200℃沸腾 1～2min 即可，太久了产率会下降很多。

（2）用三氧化硫脲或者水合肼加三氯化铁还原，肼化的时候到 200℃左右用余热就可以，但是至少要沸腾 1min。

（3）反应物在倒入水中的过程，有毒的一氧化氮气体会逸出，操作时应在通风橱中进行，不要吸入有毒气体。

（4）洗涤液和母液合并后，经蒸发浓缩，可获得 4-硝基-邻苯二甲酸。不过浓缩时要当心，当溶液变浓时，溶质发生碳化。或者用乙醚对经过初步浓缩后的合并液进行萃取，然后蒸去乙醚即可得到 4-硝基-邻苯二甲酸，熔点为 165℃。

（5）水合肼毒性极强并具有强腐蚀性，应避免与皮肤接触。

（6）停止加热前，一定要先打开安全瓶上的活塞，使反应体系与大气相通，否则容易发生倒吸。

五、思考题

（1）与氯苯硝化相比，邻苯二甲酸酐的硝化条件有什么不同？为什么？

（2）为什么 4-硝基-邻苯二甲酸在水中的溶解度要比 3-硝基-邻苯二甲酸大？

（3）鲁米诺化学发光的原理是什么？

（4）本实验在做鲁米诺发光演示时，为什么要不时打开瓶盖并剧烈振荡？

（5）鲁米诺合成也是在碱性条件下进行，为什么生成的鲁米诺不会发光？

（6）试分析鲁米诺发光的影响因素。

第5章

常见大型仪器的使用简介

一、红外分光光度计的使用方法及注意事项

1）使用方法

（1）打开主机电源。

（2）打开计算机，双击“FT-IR”软件图标。

（3）单击进行联机，主机与计算机操作界面自动匹配，完成后单击“OK”退出。

（4）单击“SETUP”，单击“OK”退出。单击“BACKGROUND”，单击“OK”，系统扫描完指定次数的背景。将试样插入样品池架。单击“SCAN”，系统按指定次数对样品进行扫描。

（5）谱图处理。

① 扫描完成后，可以对谱图名进行修改。

② 如果需要打印，单击“FILE-PRINT”即可。

（6）试样测试完成后，首先退出“FT-IR”软件，关闭计算机，最后关闭主机电源。

2）注意事项

（1）保持室内环境相对湿度在50%以下。KBr窗片和分束器很容易吸潮，为防止潮解，务必保持室内干燥。同时操作的人员不宜太多，以防人呼出的水汽和CO_2影响仪器工作。

（2）维持室内温度相对稳定。温差变化太大，也容易造成水汽在窗片上凝结。

（3）如果条件允许，建议定期对仪器用N_2进行吹扫。

（4）尽量不要搬动仪器，防止精密仪器的剧烈振动。

二、UV-8000S紫外-可见分光光度计的使用方法

1. 自检

（1）检查样品室（确保样品室内无挡光物质、光路畅通），关闭样品室盖。

（2）打开电源，系统快速自检。

（3）预热半小时，待测。

2. 功能选择

在仪器操作主界面，按对应的数字键，即进入相应功能操作界面。

3. 波长设定

在光度测量、定量测量和动力学测量界面，按“SET1”键，根据提示，输入所需测试的波长值后，按“ENTER”键确认。

4. 校正空白

进入相应测量界面后，将一对比色皿装入空白或参比溶液，分别放入参比光路和样品光路中。按“ZERO”键，便在当前测试波长下对空白或参比溶液进行校正（也即调0.000A/100.0%T）。

5. 光度测量

进入分光光度计模式界面，进行以下操作。

（1）设定测试波长。按“SET1”键，进入波长设定界面。

（2）设定测量模式。按“F2”键，进入测量模式选择界面。

（3）校正空白。参比光路和样品光路都放空白或参比溶液，按“ZERO”键校正空白。

（4）样品测试。

透过率或吸光度测量：将样品光路中的空白或参比溶液换成待测样品溶液，显示值即为样品测量结果。

浓度（含量）测量：a. 已知F因子。将样品光路中的空白或参比溶液换成待测样品溶液，按“F3”键，输入F因子并确认，系统直接显示浓度结果。b. 已知标样。将样品光路中的空白或参比溶液换成标准样品，按“F4”键，输入标样浓度并确认，然后把样品光路中的标准样品换成待测样品，便显示待测样品的浓度。

6. 标准曲线法定量测量

进入定量测量界面，进行以下操作。

（1）设定测试波长。按“SET1”键，进入波长设定界面。

（2）校正标准空白。参比光路和样品光路都放标准空白溶液，按“ZERO”键校标准空白。

（3）标准曲线参数设置。按“F2”键进入拟合曲线界面，按“F1”键进入拟合方式设置，选择拟合方程并确认。接着按“F3”键进入标样含量设置界面，根据提示逐步输入标样浓度。

（4）标样测试。标样设置结束，按“ESC/STOP”键返回拟合曲线界面，根据提示，逐个将样品光路中的标准空白溶液换成对应浓度的标准溶液进行测试。

（5）样品测试。标样测试结束，按“ESC/STOP”键返回定量测试界面，参比光路和样品光路都放样品空白溶液，按“ZERO”键校正样品空白，然后将样品光路中的空白溶液换成待测样品溶液，按“START”键进行样品测试。

7. 波长校正

检查样品室，确保样品室内无挡光物质，光路畅通。关闭样品室盖。进入系统设置界面，选择“波长定位”。波长校正完成，待测。

8. 仪器的日常维护与保养

紫外-可见分光光度计属于精密光学仪器，出厂前经过精细的装配和调试，如果能对仪器进行恰当的维修与保养，不仅能保证仪器的可靠性和稳定性，也可以延长仪器的使用寿命。正确的使用就是最好的维护。除了前面所提到的仪器安装条件和要求外，在日常使用中还应注意如下问题：

（1）开机前检查样品室，确保仪器光路畅通（样品室内没有任何挡光物体，且样品架定位正确），以免造成仪器自检出错。

（2）溶液装入比色皿时应小心，以装到比色皿约 2/3 高度处为宜；尽量避免气泡的产生（气泡在溶液中或在比色皿壁吸附会影响测定结果）；若溶液残留在比色皿外壁，应及时擦拭干净（先用滤纸吸干，然后用擦镜纸轻拭光面）；对于易挥发的样品，建议使用比色皿盖；尽量避免沾污样品架，否则应及时擦去样品架上残留的液体。

（3）取放比色皿时，与手指接触的应是比色皿的毛面，避免接触其光面，指纹也会产生吸收，从而影响测试结果的准确度；比色皿应轻拿轻放，以免产生应力后造成破损；比色皿用完后应及时清洗，并用适当的方法清洗；比色皿清洗不当或没有清洗干净，也会影响测量结果的准确度和稳定性。

（4）测试过程中，取放样品后要及时关闭样品室盖；样品室盖应轻开、轻关；测试完毕，应及时将样品从样品室中取出，并确保样品室干燥，无液体残留（液体样品或残液遗留在样品室中可能造成滤光片等部件发霉甚至腐蚀等现象）。

（5）测试过程中，若某一光源不用，可选择将其关闭，以延长灯的使用寿命；仪器不用时，请及时关机并拔掉电源插头，以防止雷雨天气可能造成的损坏。

（6）不要擅自拆卸仪器外壳和仪器内部的零部件，尤其是光路结构部分，更不能随意松动紧固螺钉和螺母；仪器中所有光学表面（包括光源）都不要用手或其他物品去碰触，以免影响仪器的正常工作，甚至造成人为损坏。

（7）仪器搬运时要小心，应轻拿轻放，仪器上不可放置重物，以免造成光路移位，从而影响仪器的准确度和稳定性。

（8）保持仪器表面和工作环境的清洁；仪器外壳表面经过喷漆工艺处理，杜绝使用乙醇、汽油、乙醚等有机溶液擦拭；仪器的主机在不使用时可用仪器所配的防尘罩或干净的布罩进行防护，以免灰尘堆积。

（9）仪器应避免长期不用，建议定期开机，确保其能正常运转；温、湿度较高的地区，应特别注意仪器防潮。

特别提示：仪器开机时的自检只是对一些常规项目进行检查。仪器在运输、搬运与使用一段时间之后，可能会使系统误差累积。所以在上述情况下或当感觉到仪器测试数据与经验值相差较大时，建议通过“系统设置”功能及时对仪器进行波长校正和暗电流校正。

三、高效液相色谱仪的使用方法

（1）过滤流动相，根据需要选择不同的滤膜。

（2）对抽滤后的流动相进行超声脱气 10～20min。

（3）打开高效液相色谱仪工作站（包括计算机软件和色谱仪），连接流动相管道，连接检测系统。

（4）进入高效液相色谱仪控制界面主菜单，单击“Manual”，进入手动菜单。

（5）若仪器长时间没有使用，或者换了新的流动相，使用前需要先冲洗泵和进样阀。冲洗泵，直接在泵的出水口，用针头抽取。冲洗进样阀，需要在“Manual”菜单下，先单击“Purge”，再单击“Start”，冲洗时速度不要超过 10mL·min^{-1}。

（6）调节流量，初次使用新的流动相，可以先试一下压力，流速越大，压力越大，一般不要超过 2000mL·min^{-1}。单击“Injure”，选用合适的流速，单击“On”，走基线，观察基线的情况。

（7）设计走样方法。单击“File”，选取“Select users and methods”，可以选取现有的各种走样方法。若需建立一个新的方法，单击“New method”，选取需要的配件，包括进样阀、检测器等，根据需要而不同。然后，单击“Protocol”。一个完整的走样方法包括如下步骤：a.进样前的稳流，一般 2～5min；b.基线归零；c.进样阀的“Loading-inject”转换；d.设定走样时间，走样时间随样品不同而不同。

（8）进样和进样后操作。选中走样方法，单击“Start”。进样，所有的样品均需过滤。方法走完后，单击“Postrun”，可记录数据和做标记等。全部样品走完后，再用上面的方法走一段基线，洗去剩余物。

（9）关机时，先关计算机，再关高效液相色谱仪。

四、721 型分光光度计的使用方法

（1）打开仪器开关之前，先确认仪器样品室处于第一槽位。光路上有遮挡物将影响仪器自检或者造成仪器故障。

（2）打开仪器开关，使仪器预热 20min。仪器接通电源后即进入自检状态，自检结束，仪器自动停在吸光度测试方式。

（3）用波长设置旋钮将波长设置在将要使用的分析波长位置上。

（4）按“MODE”键选择透过率方式 T。使仪器样品室处在第 1.5 槽位，按 0.1%T 键调整透射比为零。显示屏显示 000.0。

（5）使仪器样品室处在第 1 槽位，按 100%键，调透射比为 100%。显示屏显示 BLA，当 100.0%调整完成后，显示屏显示 100.0。

（6）按“MODE”键选择吸光度（*A*）方式，显示屏显示 000.0。

（7）将参比溶液和被测溶液分别倒入比色皿中。打开样品室盖，将盛有溶液的比色皿分别插入比色皿槽中，盖上样品室盖。

（8）将被测溶液推入或拉入光路中，此时显示屏上显示被测样品的吸光度参数。

五、TAS-990 型原子吸收分光光度计

（1）开启稳压电源，再开启计算机和仪器电源，启动工作站，与主机联机。

（2）选择待测元素灯及预热灯——空心阴极灯。

（3）设置仪器测量参数（灯电流、光谱宽带、负高压、工作灯波长及原子化器的参数）。

（4）设置样品测量参数及方法，如标准曲线法、标准加入法等。

（5）样品测量：开启空气压缩机，调节出口压力（0.2～0.5MPa），打开气瓶阀门（0.05～

0.07MPa），调节合适流量（1200～1800mL·min^{-1}），点燃火焰，调整到所需的火焰类型，测量。

（6）测量时，用标准溶液（系列溶液应按浓度从低到高的顺序）或试样溶液喷雾，绘制标准曲线，读取待测试样的含量。

（7）测量完毕后，根据试液酸度的大小，选用蒸馏水喷雾2～15min，关闭气体钢瓶阀门，待火焰熄灭后，关闭空气压缩机。

（8）根据需要可保存或打印测量结果，退出工作站，关闭仪器电源，关闭计算机。

六、CHI660E电化学工作站

（1）打开计算机、电化学工作站（工作站一般需要稳定一段时间，再测试样品）。

（2）电路连接：绿色铁夹接工作电极，红色铁夹接对电极，黄色铁夹接参比电极。

（3）打开软件，按工作站右边的“复位”键，工作站自动进行连接，如果连接对话框消失，说明连接成功；如果长时间不消失，单击取消，重复过程，直至连接成功。

（4）循环伏安法测定：单击方法分类中的“线性扫描技术”，双击实验方法中的“循环伏安法”，出现循环伏安法参数设定菜单，初始电位和开关电位设定值一样，电流极性设为“氧化”，如果实验出现电流溢出的现象（图像未出现峰，出现水平线），将灵敏度调高，其他设置随实验方法不同而改变。例如，测定MnO_2主要更改的参数为灵敏度（1MA），电流极性（氧化），初始电位=开关电位1（0V），开关电位2（1V），扫描速率（2mV·S^{-1}、5mV·S^{-1}、10mV·S^{-1}、20mV·S^{-1}、50mV·S^{-1}），循环次数（≥10次）。

（5）选择“控制”→“开始实验”，界面右上角出现“剩余时间”。

（6）实验结束，“剩余时间”将消失，将实验结果另存为目标文件，此文件类型为工作站的默认类型，Excel无法打开。

（7）打开目标文件下的实验图形，单击数据处理下的“查看数据”，选择显示曲线（不选第一次循环），单击“确定”按钮。出现数据列表对话框，单击“保存”，保存类型为Excel。

（8）阻抗测定。a.开路电位测定：单击方法分类中的“恒电位技术”，双击实验方法中的“开路电位-时间曲线”，出现参数设定菜单，电流极性设为氧化，初始电位设为0，采样间隔时间设为0.5s，等待时间1s，测量时间大于等于15s，其他参数不变。测量结束，记下开路电位数值。b.选择“设置”→“交流阻抗”→“启动”，出现交流阻抗界面。选择“测量”→“阻抗-频率扫描法”，出现参数设定界面：电位为开路电位值（注意：测得的开路电位值与此处的单位不同），最大频率为100000，最小频率为0.01，电流量程为0～1mA·V^{-1}，其他参数设置不变。若有最后几个点很长时间不出的现象，可以单击“停止”。

（9）保存文件，此类型文件用Excel可以打开。

（10）关闭软件，关闭电化学工作站，关闭计算机。

（11）将电极夹放在小盒子中，将参比电极放在饱和KCl溶液中，对电极用蒸馏水清洗干净，将工作电极用超声波清洗干净。

注意：有时计算机用U盘时可能不太好用，重启一下即可。如果电极上有油腻物，应用丙酮清洗，然后分别用铬酸溶液和去离子水清洗干净。工作站每隔半个月启动一次，时间大于半个小时。洗涤后，电极要在0.5～1mol·L^{-1} H_2SO_4溶液中用循环伏安法活化，扫描范围为1.0～−1.0V，反复扫描直至达到稳定的循环伏安图为止。最后在0.20mol·L^{-1} KNO_3溶液中记录1×10^{-3}mol·L^{-1} $K_3Fe(CN)_6$溶液的循环伏安曲线，以测试电极性能，扫描速度为50mV·s^{-1}，扫描范围为 0.6～-0.1V。实验室条件下所得循环伏安图中的峰电位差在 80mV 以下，并尽可能接近 64mV，电极方可使用，否则要重新处理电极，直到符合要求。

七、F-7000 荧光分光光度计基本操作规程

1．开机

（1）开启计算机。

（2）开启仪器主机电源。按下仪器主机左侧面板下方的黑色按钮（POWER）。同时，主机正面面板右侧的 Xe LAMP 和 RUN 指示灯依次亮起来，都显示绿色。

Fl Solutions 2.1 for F-7000.lnk

图 5-1　软件图标

2．打开运行软件

（1）双击“FL Solutions 2.1 for F-7000”软件图标（图 5-1）。主机自行初始化，自动进入扫描界面，如图 5-2 所示。

（2）初始化结束后，需预热 15～20min，按界面提示选择操作方式。

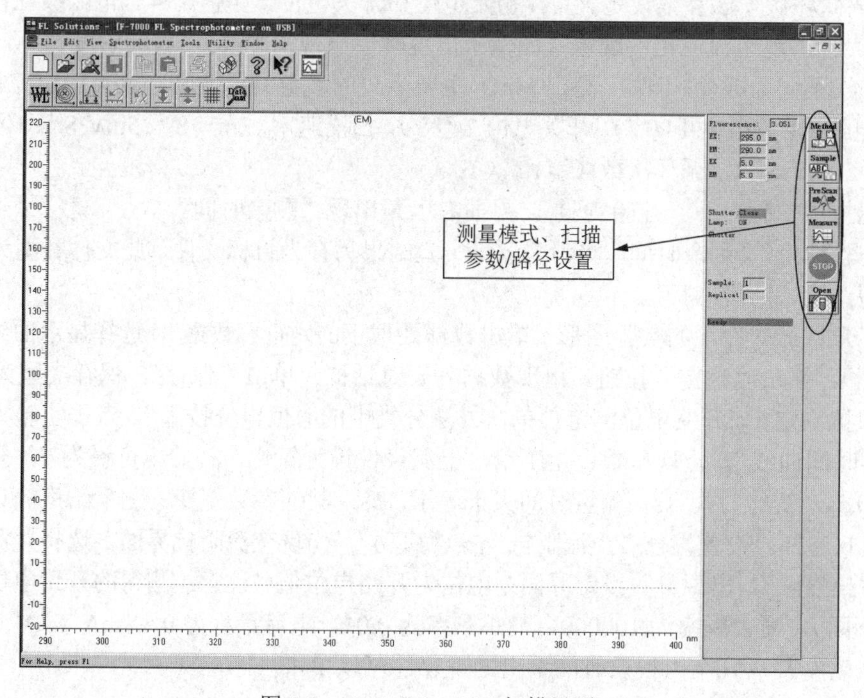

图 5-2　FL Solutions 2.1 扫描界面

3．测试模式的选择

（1）单击扫描界面右侧“Method”。

（2）在“General”选项中的“Measurement”中选择“Wavelength Scan”测量模式，如图 5-3 所示。

（3）在“Instrument”选项中设置仪器参数和扫描参数，如图 5-4 所示。

主要参数选项包括：

① 选择扫描模式（Scan Mode）：发射光谱、激发光谱和同步荧光（Emission/Excitation/

Synchronous）。

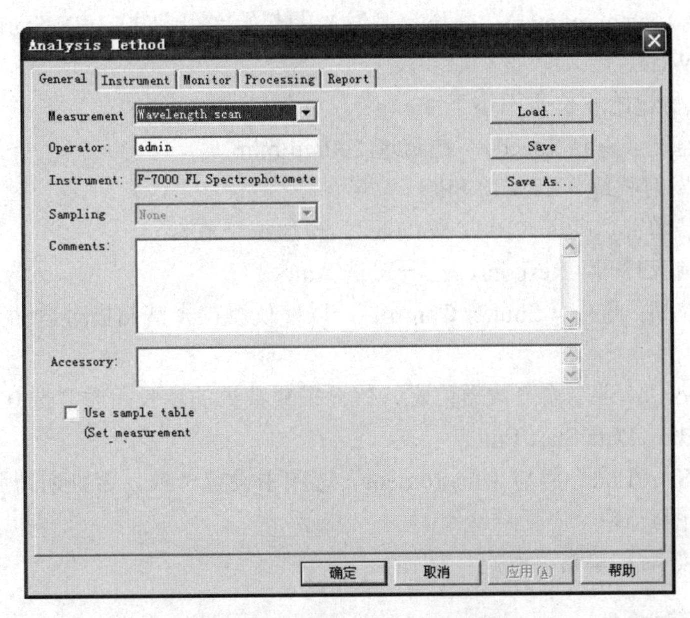

图 5-3　“General”选项的界面

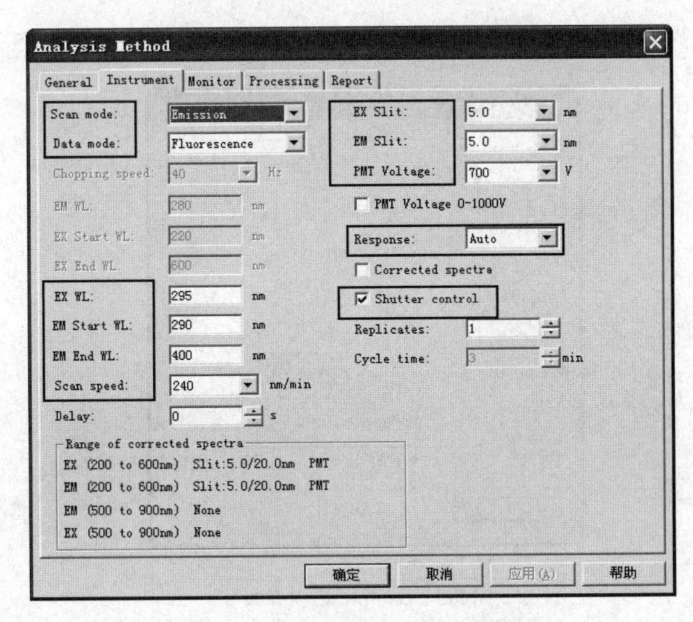

图 5-4　“Instrument”选项设置界面

② 选择数据模式（Data Mode）：荧光测量、磷光测量、化学发光（Fluorescence/Phosphprescence/Luminescence）。

③ 设定波长扫描范围。

扫描荧光激发光谱（Excitation）：需设定激发光的起始/终止波长（EX Start/End WL）和荧光发射波长（EM WL）。

扫描荧光发射光谱（Emission）：需设定发射光的起始/终止波长（EM Start/End WL）和

荧光激发波长（EX WL）。

扫描同步荧光（Synchronous）：需设定激发光的起始/终止波长（EX Start/End WL）和荧光发射波长（EM WL）。

注意：激发光终止与起始波长差不小于 10nm。

④ 选择扫描速度（Scan Speed）：通常选 $240nm\cdot min^{-1}$。

⑤ 选择激发/发射狭缝（EX/EM Slit）。

⑥ 选择光电倍增管负高压（PMT Voltage）：一般选 700V。

⑦ 选择仪器响应时间（Response）：一般选 Auto。

⑧ 选择光闸控制：选中“Shutter Control”，以使仪器在光谱扫描时自动开启，而其他时间关闭。

⑨ 选择“Report”，设定输出数据信息、仪器采集数据的步长（通常选 0.2nm）及输出数据的起始和终止波长（Data Start/End）。

注意：“Data Start/End”需与“Instrument”选项中设置一致，否则所得到的数据点会逐渐减少，而无法作图。

（4）参数设置好后，单击“确定”按钮。

4. 设置文件存储路径

（1）单击扫描界面右侧“Sample”，出现“Sample”选项界面，如图 5-5 所示。

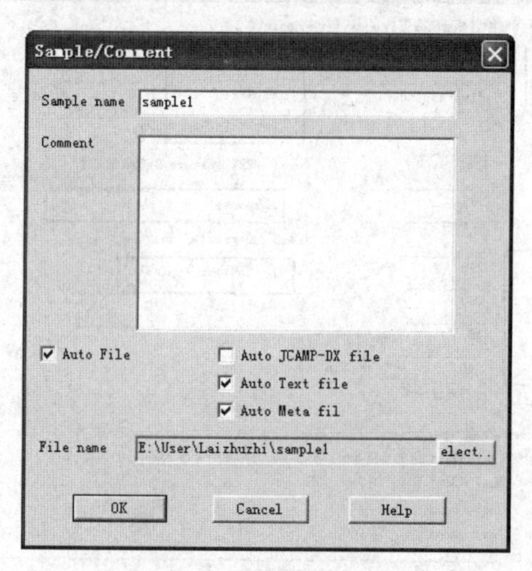

图 5-5　Sample 选项界面

（2）设置样品名称（Sample name）。

（3）选中“Auto File”，可以自动保存原始文件和 TXT 格式文本文档数据。

（4）参数设置好后，单击“确定”按钮。

5. 扫描测试

（1）打开盖子，放入待测样品后，盖上盖子（请勿用力）。

（2）单击扫描界面右侧“Measure”（或快捷键“F4”），出现扫描谱图。

6. 数据处理

（1）选中自动弹出的数据窗口，如图 5-6 所示。

（2）单击“Trace”图标，进行读数并寻峰等操作。

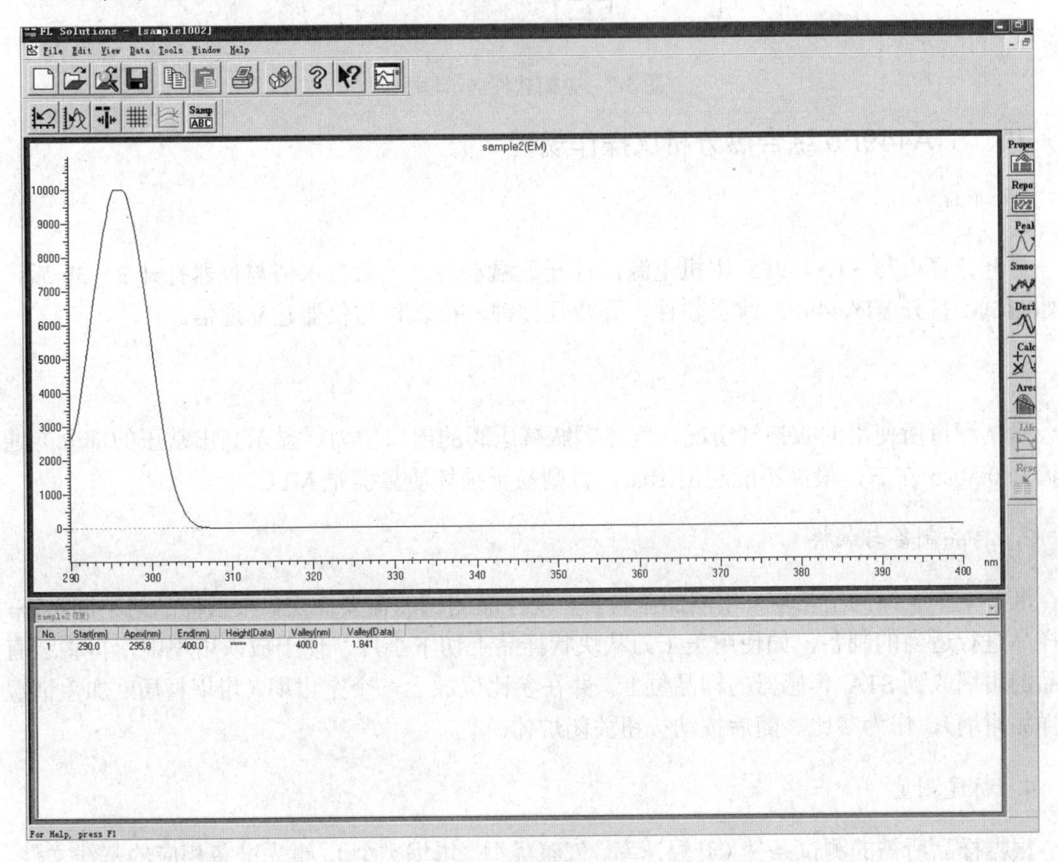

图 5-6　扫描谱图窗口

（3）上传数据。

7. 关机

逆开机顺序实施操作：

（1）关闭软件 FL Solutions 2.1 for F-7000，弹出提示框，如图 5-7 所示。

（2）选中“Close the lamp，then close the monitor windows？”。

（3）单击“Yes”。窗口自动关闭。同时，观察主机正面面板右侧的 Xe LAMP 指示灯暗下来，而 RUN 指示灯仍显示绿色。

（4）约 10min 后，关闭仪器主机电源，即按下仪器主机左侧面板下方的黑色按钮（POWER）。目的是仅让风扇工作，使 Xe 灯室散热。

（5）关闭计算机。

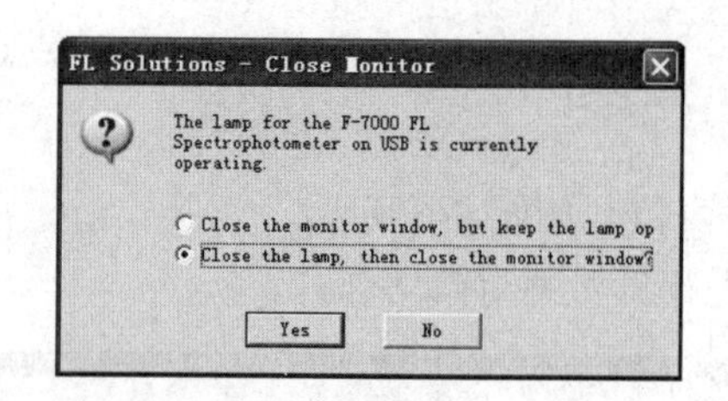

图 5-7　关闭软件提示框

八、STA449F5 综合热分析仪操作规程

1. 开机

打开计算机与 STA449F5 主机电源。打开恒温水浴。一般在水浴与仪器打开 2～3h 后，开始测试。打开 STA449F5 测量软件，等待几秒钟，待软件与仪器建立通信。

2. 气体

确认测量所使用的吹扫气情况。气体钢瓶减压阀的出口压力（显示高出常压的部分）通常调到 0.5bar 左右，最高不能超出 1bar，否则易于损坏质量流量 MFC。

3. 样品制备与装样

准备一个干净的空坩埚。坩埚加盖与否，视样品测试的需要而定。根据样品的不同形态，对样品进行适当的制备，如使用美工刀从块状样品上切下小片，便于放入坩埚中，再将装有样品的坩埚放到 STA 传感器的样品位上，并在参比位放上一个空坩埚（坩埚材质、加盖情况同样品坩埚），作为参比。随后按动按钮关闭炉体。

4. 新建测量

根据样品所需的测试条件（升温速率、气氛类型、坩埚类型），事先准备相应的基线文件。然后在测试样品时，打开该基线，在基线基础上进行测试。假定事先已有了合适的基线文件，则在样品测试时，选择“文件”→“打开”，打开合适的基线文件。随后弹出“测量设定”对话框。在该对话框内设置相应参数与信息后开始测量。一旦开始测量，程序自动运行，不必操作，等待测量完成。

5. 测量完成

待炉体温度降至 300℃以下后，按动按钮升起炉体，移开炉体，取出样品。再按动按钮合上炉体。

九、AFS-9700 操作规程

（1）打开稳压器电源，打开计算机、主机电源和自动进样器电源。

（2）双击原子荧光 AFS 系列操作软件图标，打开操作软件，在软件界面左下部选择测定元素灯。选择好后，单击“点火”，仪器预热半小时以上。

（3）将泵卡子卡紧（废液管泵卡子向上拨动两下，其余管路向上拨动三下），将载流液倒入载流槽中，将标准溶液和样品溶液放入样品盘中（3～11为标准系列位置，13为样品空白位置，15以后为样品位置）。

注意事项

（1）当用标准系列多点测定时需要在样品盘3～11的位置上放置标准系列溶液。

（2）当用单点配置标准曲线时，测定时需要在样品盘2的位置上放置标准系列最大点浓度的溶液。

（4）将进样针与进样管路连接好，将还原剂管放入还原剂瓶中，将补充载流管放入载流瓶中。

（5）打开氩气，调节输出压力为0.25MPa左右。

（6）开始测试：测试分两种方式，即标准系列测定和单点配置标准曲线测定。

① 标准系列测定。

a．在“方法条件设置”界面设定测试条件，光电倍增管负高压。

b．在“样品测量”界面中的“标准测量”页面下输入标准系列浓度。

c．在“样品测量”界面中的“未知样品测量”页面下，单击页面左侧“样品设置”，输入样品信息。

d．单击“全自动”进行本次测量。

② 单点配置标准曲线测定。

a．在“方法条件设置”界面设定测试条件及光电倍增管负高压。

b．单击“测量条件设置”，在“测量条件”页面下，设置自动配置标准曲线，单击页面左侧“保存设置”后，关闭该页面。

c．在“样品测量”界面中的“标准测量”页面下输入需要配置的标准系列浓度。

d．在“样品测量”界面中的“未知样品测量”页面下，单击页面左侧“样品设置”，输入样品信息。

e．单击“全自动”，进行本次测量。

（7）测定完成后，单击“清洗”，清洗3遍后，单击“停止”。

（8）将进样针与进样管路断开，将还原剂管从还原剂瓶中取出，单击“清洗”，直至无废液排除，单击“停止”。

（9）单击“燃火”，松开泵卡子，关闭氩气。

（10）关闭软件，待气压表归零后关闭主机电源和自动进样器电源，关闭计算机。

（11）清理样品管和仪器台后，用仪器罩将仪器遮盖。

注意事项

（1）更换元素灯时，一定要关闭主机电源，要确保灯头插针和灯座插孔完全吻合。

（2）要定期在泵管及采样臂滑轨、臂升降机构中添加硅油。

（3）仪器若长期不使用，要每周开机1h。

参考文献

[1] 邓珍灵. 现代分析化学实验[M]. 长沙：中南大学出版社，2002.

[2] 甘孟瑜，曹渊. 大学化学实验[M]. 4 版. 重庆：重庆大学出版社，2008.

[3] 高华寿，陈恒武，罗崇建. 分析化学实验[M]. 3 版. 北京：高等教育出版社，2003.

[4] 蔡蕍. 分析化学实验[M]. 上海：上海交通大学出版社，2010.

[5] 四川大学化工学院，浙江大学化学系. 分析化学实验[M]. 3 版 .北京：高等教育出版社，2003.

[6] 黄朝表，潘祖亭. 分析化学实验[M]. 北京：科学出版社，2013.

[7] 李成平. 现代仪器分析实验[M]. 北京：化学工业出版社，2013.

[8] 张寒琦，徐家宁. 综合和设计化学实验[M]. 北京：高等教育出版社，2006.

[9] 潘华英，刘德秀. 利用蔬菜水果消除自来水余氯：推荐一个分析化学综合实验[J].大学化学，2011，26(1)：62-65.

[10] 叶晓镭，韩彬. 阿司匹林制备实验的改进和充实[J]. 实验科学与技术，2004，2(4)：92-93.

[11] 田玉平，王虎，蒋和平. 高效液相色谱法测定乳及乳制品中三聚氰胺含量的不确定度评定[J]. 实验室研究与探索，2010，29(1)：41-43.

[12] 薄南南，傅桦. 玉米须中总黄酮的提取及含量测定[J]. 首都师范大学学报(自然科学版)，2009，30(4)：44-47.

[13] 李华，孙心齐，杨福来. 烟草萃取物中烟碱和苯的紫外导数光谱测定[J]. 应用化学，1992，9(5)：110-112.

[14] 蒋原，沈崇钰，姚义刚，等. 动物源性食品中磺胺类药物增效剂残留的高效液相色谱-串联质谱法测定[J]. 分析测试学报，2009，28(7)：834-837.

[15] 浦锦宝，胡轶娟，梁卫青，等. 紫外可见分光光度法测定柴胡中柴胡总皂苷的含量[J]. 医学研究杂志，2008，37(6)：98-100.

[16] 王月荣，胡坪，苏克曼，等. 一个分析化学综合实验：洗衣粉中表面活性剂的分析[J]. 化工高等教育，2012，29(2)：66-69.

[17] 傅文军，秦樊鑫，张丹. 分光光度法测定黔产绿茶中总黄酮的含量[J]. 贵州师范大学学报(自然科学版)，2005，23(4)：105-107.

[18] 冉凤琼，谭建红，朱乾华，等. 废铝材制备明矾的实验条件优化[J]. 化学教学，2016，(6)：66-68.

[19] 周伟生. 工业循环冷却水中磷含量的测定[J]. 工业水处理，1993，13(4)：28-29，25.

[20] 刘阳，孙艳丽. 高效液相色谱法测定可乐中咖啡因的含量[J]. 山东化工，2013，42(5)：72-73，76.

[21] 陈再洁，郑建明，王智. 高效液相色谱法测定维生素 C 片中 VC 含量[J]. 分析仪器，2008，(6)：37-39.

责任编辑：封　雪
策划编辑：李鹏飞
封面设计：OOICA 原创在线

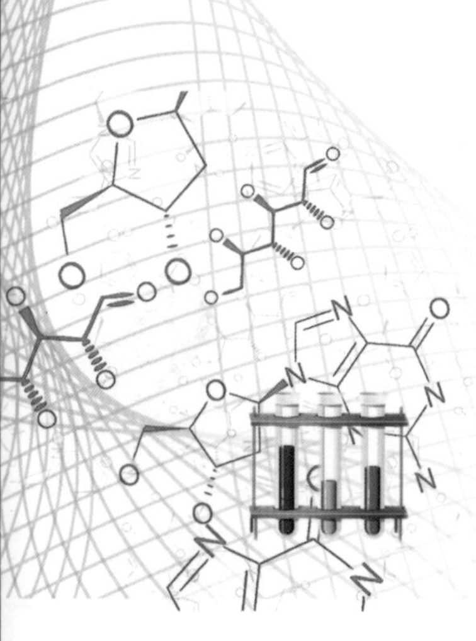

普通高等院校化学应用类系列教材

仪器分析创新实验
有机化学（第2版）
有机化学——理论、实验与习题选编
基础化学实验
有机化学实验
化学分析实验
化学分析与检验职业技能综合实训教程
化工模拟——Aspen教程
生物化学实验指导

北京理工大学出版社
BEIJING INSTITUTE OF TECHNOLOGY PRESS

通信地址：北京市海淀区中关村南大街5号
邮政编码：100081
电　　话：(010) 68914775（总编室）
(010) 82562903（教材售后服务热线）
(010) 68944723（其他图书服务热线）
网　　址：www.bitpress.com.cn

关注理工高教
获取优质学习资源

ISBN 978-7-5682-7425-8

定价：39.00元